太湖流域水生态环境功能分区多目标最优化管控方案研究

TAIHU LIUYU SHUISHENGTAI HUANJING GONGNENG FENQU
DUOMUBIAO ZUIYOUHUA GUANKONG FANG'AN YANJIU

冯 彬　陆嘉昂　胡开明◎主编

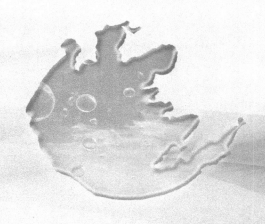

河海大学出版社
HOHAI UNIVERSITY PRESS
·南京·

图书在版编目(ＣＩＰ)数据

太湖流域水生态环境功能分区多目标最优化管控方案
研究 / 冯彬，陆嘉昂，胡开明主编. -- 南京 ：河海大
学出版社，2022.6
ISBN 978-7-5630-7567-6

Ⅰ. ①太… Ⅱ. ①冯… ②陆… ③胡… Ⅲ. ①太湖—
流域—区域水环境—区域生态环境—环境功能区划—研究
Ⅳ. ①X321.25

中国版本图书馆 CIP 数据核字(2022)第 108035 号

书　　名　**太湖流域水生态环境功能分区多目标最优化管控方案研究**
书　　号　ISBN 978-7-5630-7567-6
责任编辑　彭志诚　　毛积孝
特约编辑　李　萍
特约校对　朱阿祥
封面设计　徐娟娟
出版发行　河海大学出版社
地　　址　南京市西康路 1 号(邮编:210098)
电　　话　(025)83737852(总编室)
　　　　　　(025)83722833(营销部)
经　　销　江苏省新华发行集团有限公司
排　　版　南京布克文化发展有限公司
印　　刷　广东虎彩云印刷有限公司
开　　本　718 毫米×1000 毫米　1/16
印　　张　9.5
字　　数　181 千字
版　　次　2022 年 6 月第 1 版
印　　次　2022 年 6 月第 1 次印刷
定　　价　58.00 元

编　委　会

前言

本课题紧紧围绕江苏省政府、江苏省生态环境厅对《江苏省太湖流域水生态环境功能区划(试行)》(以下简称《区划》)管理需求,依据"十一五""十二五"水生态环境功能分区相关研究成果,以《区划》管理目标及考核断面为基础,结合太湖流域水生态环境功能分区水质目标达成率及治理需求分析,利用构建的基于水污染治理和生态恢复技术的多目标最优化水生态环境管控方案筛选模式,制定太湖流域水生态环境功能分级分区管控实施方案编制技术体系,最终形成太湖流域水生态环境功能分区管控总体实施方案。

以江苏省太湖流域 49 个水生态环境功能分区为单位,依照区域驱动力(D)、压力(P)、状态(S)、影响(I)和响应(R)等模块构建适用于 DPSIR 模型的量化指标体系,在此基础上以治理需求为导向,确定等级划分和赋权标准。利用构建的方法体系,从河流、区域层面上对功能分区内的各项指标进行综合评价,梳理水生态环境状况和影响水生态环境内外因间的互馈关系,进而识别出水生态改善的限制因子。根据限制因子和分区管控目标达成率,将 49 个分区划分为总量控制超标型分区(包含总氮超标为主、总磷超标为主、COD 超标为主、氨氮超标为主四个子类)、水质水生态超标型分区和空间管控不达标型分区。以水生态环境质量响应最优、治理成本最低、公众满意度最高等为目标,以各分区的水生态环境管控要求、经济社会发展规划等为约束条件,对水污染控制技术和水生态修复技术进行多目标最优化管控方案筛选和组合。

针对识别的水生态改善限制因子,以分区水质水生态、空间管控和物种保护目标为基础,制定区域内水污染防治和生态修复的主要任务;利用构建的基于水污染治理和生态恢复技术的多目标最优化水生态环境管控方案筛选模式,制定具体管控措施清单,并估算成本投入;进行目标可达性和投资效益分析,制定保障措施,形成太湖流域水生态环境功能分区管控总体实施方案,逐步推进太湖流域的分区、分类、分级、分期管理,最终实现推动流域污染物总量减排,水质改善、水生态健康的课题目标。

目录

CONTENTS

第一章

江苏省太湖流域水生态环境功能分区基础调研

1.1 江苏省太湖流域近五年社会经济概况

1.1.1 地理位置

太湖流域地跨苏、浙、沪两省一市,位于长江三角洲的南翼,三面临江滨海,一面环山,北抵长江,东临东海,南滨钱塘江,西以天目山、茅山等山区为界。江苏省内太湖流域 49 个水生态环境功能分区,含太湖湖体,包括苏州市、无锡市、常州市和镇江丹阳市全境,以及镇江市区、句容市、南京高淳区行政区域内对太湖水质有影响的水体所在区域见图 1.1-1,覆盖范围面积 19 601.24 km²,水域面积 5 551 km²,约占江苏省内太湖流域总面积的 28.3%。

1.1.2 气候特征

太湖流域属亚热带气候,具有明显的季风特征,四季分明。冬季有冷空气入侵,多偏北风,寒冷干燥;春夏之交,暖湿气流北上,冷暖气流遭遇形成持续阴雨,即"梅雨",易引起洪涝灾害;盛夏受副热带高压控制,天气晴热,常受热带风暴和台风影响,形成狂风暴雨的灾害天气。流域内平均气温为 15～17 ℃,自北向南递增。流域内多年平均降雨量为 1 181 毫米,多集中在 5～9 月,且年内年际变化较大。

1.1.3 地形地貌

太湖流域呈周边高、中间低的碟状地形,地势平坦,河道比降小,水流流速缓慢。江苏省内太湖流域上游西部为山区,中部为平原河网区和以太湖为中心的洼地及湖泊。

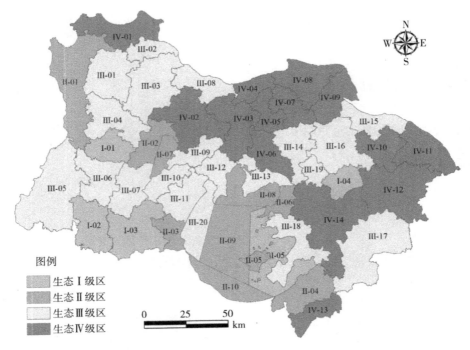

图 1.1-1　江苏太湖流域水生态分区分布

1.1.4　水文水系

太湖流域河流纵横交错,水网如织,湖泊星罗棋布,是典型的平原水网地区,素有"江南水乡"之称。太湖流域汇水面积 36 500 km²,其中太湖水面面积 2 338 km²,河道总长约 12 万 km,河道密度达 3.3 km/km²。

(1)境内河流。太湖流域水系整体分为西部山丘区各独立水系、太湖和低平原的黄浦江水系及沿江沿海水系,江南运河作为人工运河分段参与河网水系、平衡水量。

(2)境内湖泊。太湖流域内湖泊均为浅水湖泊,平均水深小于 2 m。其中面积大于 10 km² 的湖泊共 9 座,占流域湖泊总面积的 89.8%。太湖位于太湖流域中心,是我国第三大淡水湖泊,具有蓄洪、供水、灌溉、航运、旅游等多方面功能,是流域的重要供水水源地。

1.1.5　人口变化趋势

根据 2015—2019 年 5 个地级市及其所辖流域范围内的 30 个县、区统计年鉴资料,统计并计算得到太湖流域 43 个陆域水生态功能分区 2015—2019 年的常住人口变化情况,见图 1.1-2。各分区常住人口变化较小,大部分分区人口总数和密度(图 1.1-3)小幅增长,但也有个别分区,例如Ⅳ-04、Ⅲ-16、Ⅲ-17 等人口出现了下降。其中 2019 年分区Ⅳ-06、Ⅳ-02 和Ⅳ-14 人口明显多于其他分区,分别为 198.05 万人、227.07 万人和 356.39 万人。2019 年分区Ⅳ-06、Ⅳ-14、Ⅲ-13 和Ⅳ-02 人口密度明显高于其他分区,分别为 6 092 人/km²、4 010 人/km²、3 701 人/km² 和 3 464 人/km²。

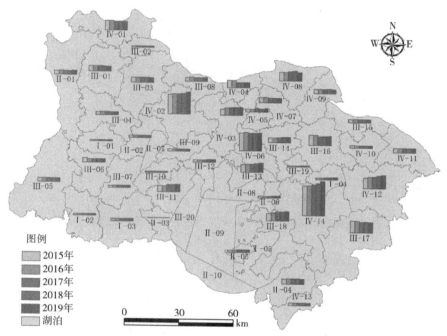

图 1.1-2　43 个陆域分区 2015—2019 年常住人口变化情况(万人)

1.1.6　GDP 及产业结构变化趋势

江苏省太湖流域是我国经济发展最快的地区之一,2015—2019 年经济总量呈现较快增长的趋势。2015—2019 年江苏省太湖流域 43 个陆域分区 GDP 变化情况见图 1.1-4,除了Ⅲ-16、Ⅲ-06、Ⅳ-10 分区出现负增长,其他分区均呈增长趋势,表明太湖流域的经济总量在总体上升。2019 年江苏省太湖流域常住人口 2 603 万人,占全国人口的 1.9%,人口密度为 1 558 人/km²,相当于全国平均水平的 11 倍,是我国人口最集中的地区之一。随着城镇化进程的推进,流域内人口正由农村向城镇迁移,且速度不断加快,城市化率为 52.9%。GDP 总量为 43 555.8 亿元,一、二、三产业比重分别为 1.5%、50.0%和 48.5%,第三产业比重不断增加,产业结构优化明显。

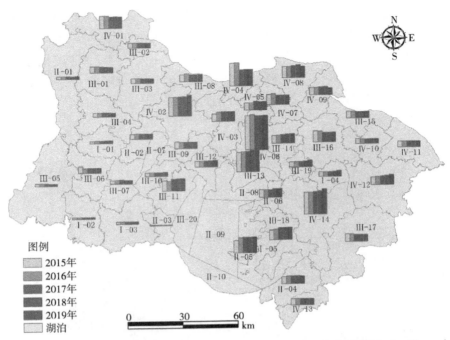

图 1.1-3 43 个陆域分区 2015—2019 年常住人口密度变化情况(人/km²)

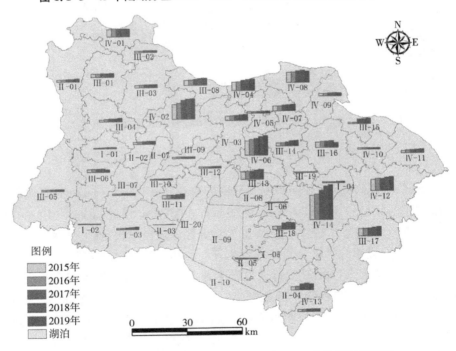

图 1.1-4 43 个陆域分区 2015—2019 年 GDP 变化情况(亿元)

1.1.7　粮食总产量变化趋势

粮食总产量和农业生产密切相关,会造成农业面源污染。2015—2019 年 43 个陆域分区农林牧渔业总产值总体呈现逐年下降趋势,但 II-01、III-01、III-03、III-04、III-05、III-06、III-07、III-11 和 IV-11 分区粮食总产量仍然较高,超过 10 万 t,需要着重控制农业面源污染(图 1.1-5)。

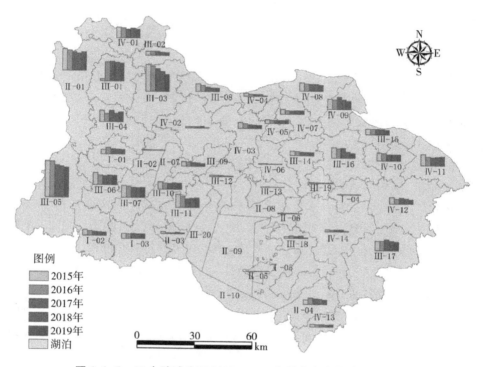

图 1.1-5　43 个陆域分区 2015—2019 年粮食总产量变化情况(t)

1.2　江苏省太湖流域水生态环境现状

1.2.1　各水生态环境功能分区水质达标情况

江苏省太湖流域共划分水生态环境功能分区 49 个,其中陆域 43 个,水域 6 个(见图 1.2-1)。对各水生态环境功能分区 2009—2018 年的监测断面水质达标情况进行分析(见图 1.2-2)(注:2009—2015 年 49 个水生态环境功能分区的各监测断面水质目标均为 III 类水标准,2016—2018 年,各个分区监测断面水质目标分别执行该断面自身考核目标)。2009—2018 年 10 年间 49 个水生态环境功能分区中,有14个分区5年及5年以上各监测断面的水质达标率达100%,分别为分区2(Ⅱ-01)、3(Ⅲ-01)、4(Ⅲ-02)、8(Ⅲ-05)、9(Ⅲ-06)、10(Ⅰ-02)、11(Ⅰ-03)、14(Ⅲ-08)、22(Ⅳ-04)、32(Ⅳ-10)、36(Ⅳ-13)、37(Ⅱ-04)、40(Ⅲ-18)和42(Ⅲ-19),且全部为陆域分区,水生态环境功能分区4(Ⅲ-02)、32(Ⅳ-10)及40(Ⅲ-18)连续10年各监测断面的水质达标率均为100%。根据各分区水质达标率变化情况分析,分区1(Ⅳ-01)的各监测断面水质达标率呈整体上升的趋势,并达100%;分区7(Ⅰ-01)、15(Ⅳ-02)、16(Ⅲ-09)、17(Ⅲ-10)、18(Ⅲ-11)、19(Ⅱ-03)、22(Ⅳ-04)、24(Ⅳ-06)、25(Ⅲ-13)、26(Ⅲ-14)、27(Ⅳ-07)、29(Ⅳ-09)、31(Ⅲ-16)、34(Ⅳ-12)、35(Ⅲ-17)、36(Ⅳ-13)、37(Ⅱ-04)、38(Ⅳ-14)、47(Ⅱ-09)、49(Ⅰ-05)各监测断面水质达标率总体上呈上升趋势,部分年份稍有波动,但变化幅度均较小。有11个分区5年及5年以上各监测断面的水质达标率为0,超标率为100%,分别为分区12(Ⅲ-07)、13(Ⅱ-02)、16(Ⅲ-09)、17(Ⅲ-10)、21(Ⅳ-03)、24(Ⅳ-06)、27(Ⅳ-07)、29(Ⅳ-09)、44(Ⅱ-07)、47(Ⅱ-09)、49(Ⅰ-05),其中陆域分区8个,水域分区3个,超标因子主要为氨氮、总磷、化学需氧量。

从总体上看,近年来各水生态环境功能分区的监测断面水质达标率较之前均有所提升,水质情况有所改善。有28个分区监测断面在2016—2018年达标率达100%并维持不变,为分区1(Ⅳ-01)、2(Ⅱ-01)、3(Ⅲ-01)、4(Ⅲ-02)、8(Ⅲ-05)、10(Ⅰ-02)、11(Ⅰ-03)、12(Ⅲ-07)、15(Ⅳ-02)、19(Ⅱ-03)、21(Ⅳ-03)、22(Ⅳ-04)、25(Ⅲ-13)、26(Ⅲ-14)、27(Ⅳ-07)、28(Ⅳ-08)、29(Ⅳ-09)、30(Ⅲ-15)、32(Ⅳ-10)、33(Ⅳ-11)、36(Ⅳ-13)、37(Ⅱ-04)、40(Ⅲ-18)、41(Ⅱ-06)、42(Ⅲ-19)、45(Ⅱ-08)、47(Ⅱ-09)、49(Ⅰ-05),包括陆域分区25个,水域分区3个。(注:其中分区6(Ⅲ-04)、10(Ⅰ-02)、11(Ⅰ-03)、23(Ⅳ-05)、39(Ⅱ-05)、41(Ⅱ-06)、43(Ⅰ-04)、46(Ⅲ-20)、47(Ⅱ-09)、49(Ⅰ-05)、48(Ⅱ-10)缺少部分年份监测断面水质数据。)

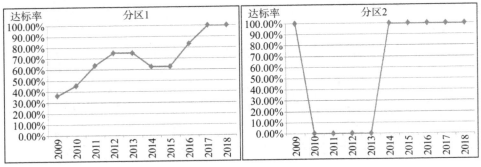

(a)

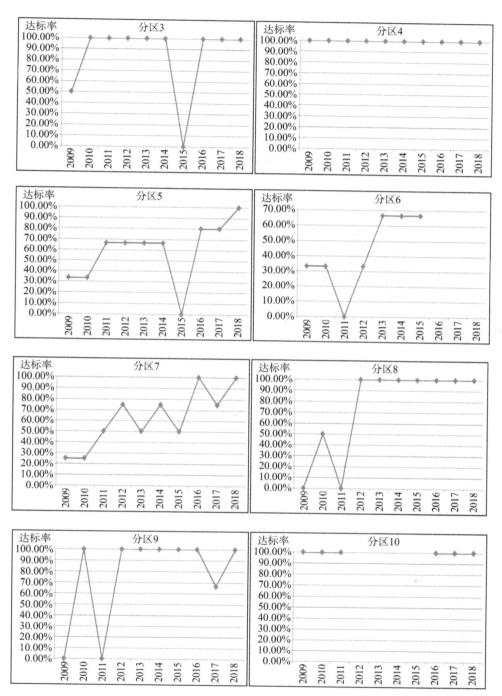

(b)

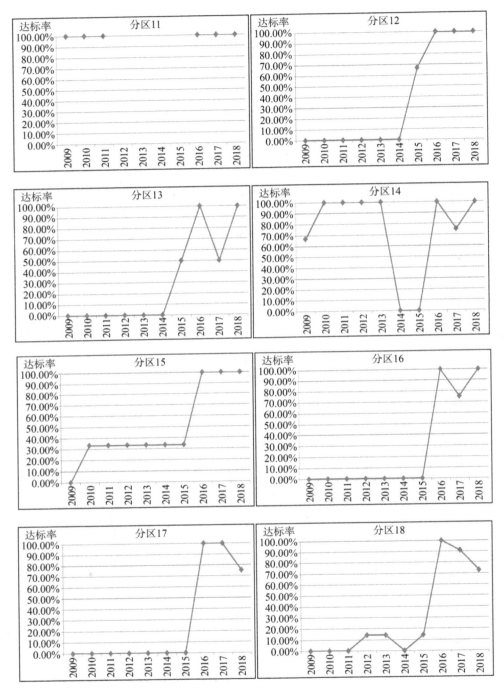

(c)

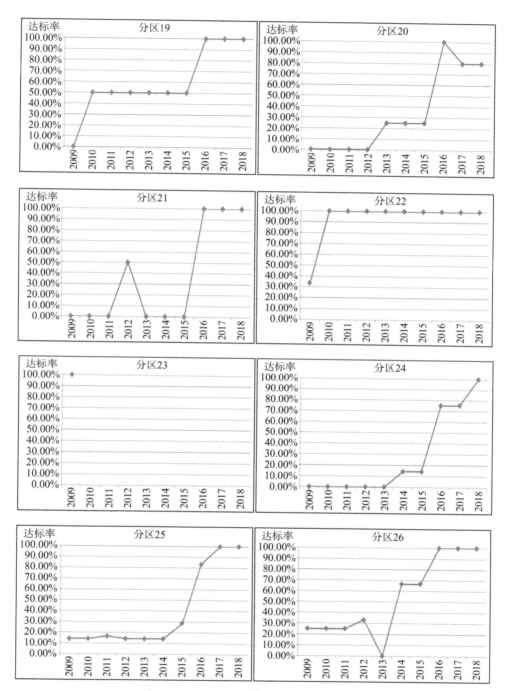

(d)

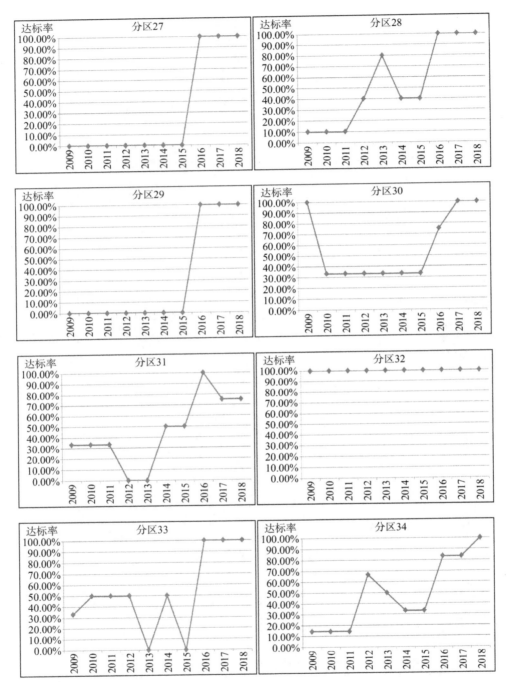

(e)

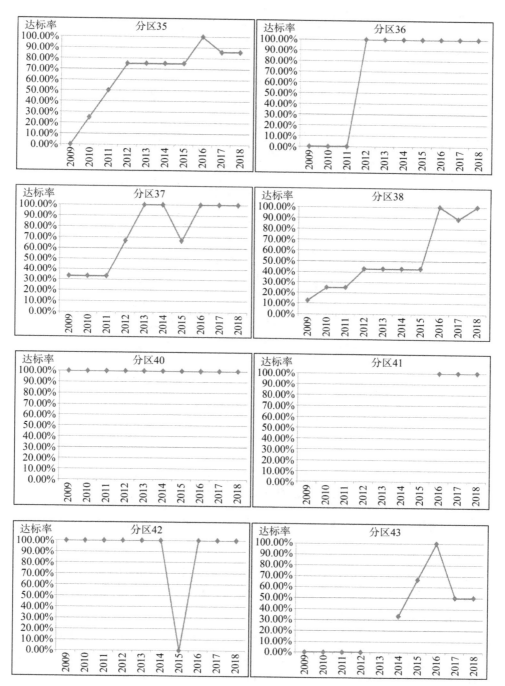

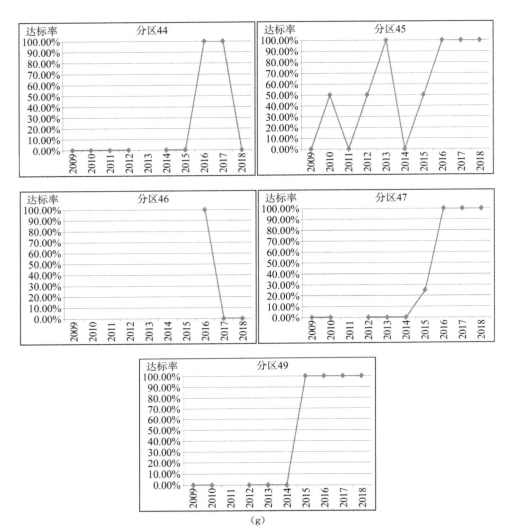

(g)

图 1.2-1　49 个分区 2009—2018 年监测断面水质达标情况及变化趋势

　　表 1.2-1 表明江苏省太湖流域 2017—2019 年省控以上（含国控）监测断面水质情况。2017—2019 年江苏省太湖流域省控以上（含国控）水质监测断面共计 137 个，达到或优于Ⅲ类断面比例由 74.4％增长至 83.9％，增长 9.5 个百分点。2017—2019 年水质监测断面的超标率逐年降低，且均低于 10％。根据江苏省太湖流域水生态环境功能分区监测断面水质监测数据，2017—2019 年氨氮、总磷、五日生化需氧量超标但超标频次均不超过 10 次，且超标倍数总体呈下降趋势，水环境质量有所改善。但部分监测断面未达自身考核目标，太湖流域未达标分区情况见表 1.2-2。

表 1.2-1　江苏省太湖流域 2017—2019 年监测断面水质情况

年份	监测断面总数	超标断面数	达到或优于Ⅲ类断面数	超标率	达到或优于Ⅲ类断面比例	主要超标因子
2017 年	137	12	102	8.8%	74.4%	氨氮、高锰酸盐指数、化学需氧量、总磷、五日生化需氧量、石油类
2018 年	137	6	103	4.4%	75.2%	总磷、挥发酚、五日生化需氧量、氨氮、溶解氧
2019 年	137	4	115	2.9%	83.9%	总磷、高锰酸盐指数、五日生化需氧量、氨氮、溶解氧

表 1.2-2　江苏省太湖流域水质未达标分区汇总表

年份	2020 年目标	超标断面数	水质未达标分区编号
2017	《区划》中 2020 年水生态管理目标-水质	16	Ⅲ-06、Ⅲ-08、Ⅲ-09、Ⅲ-12、Ⅲ-11、Ⅳ-05、Ⅳ-06、Ⅲ-19、Ⅱ-08、Ⅲ-16、Ⅳ-12、Ⅲ-17、Ⅳ-14、Ⅰ-04
2018		14	Ⅲ-03、Ⅱ-02、Ⅲ-12、Ⅲ-20、Ⅲ-10、Ⅲ-11、Ⅳ-05、Ⅲ-19、Ⅲ-16、Ⅲ-17、Ⅰ-04
2019		17	Ⅲ-03、Ⅲ-04、Ⅰ-01、Ⅲ-06、Ⅱ-02、Ⅲ-08、Ⅱ-07、Ⅲ-20、Ⅲ-11、Ⅳ-06、Ⅲ-13、Ⅲ-16、Ⅳ-11、Ⅱ-04、Ⅳ-14、Ⅰ-04

　　综合分析江苏省太湖流域 49 个水生态环境功能分区各监测断面达到或优于Ⅲ类水标准情况,2017—2019 年,江苏省太湖流域有 15 个分区水质状况不断改善,监测断面优于Ⅲ类(含Ⅲ类)比例上升;有 6 个分区所有监测断面均未达到Ⅲ类水标准,其中含 4 个水域分区;Ⅲ类水达标率(含Ⅲ类)均为 100% 的分区共计 9 个,均为陆域分区。分级来看,2019 年Ⅰ级至Ⅳ级水生态环境功能分区监测断面达到或优于Ⅲ类比例最高分别为 83.33%、75.00%、78.26% 和 67.31%,各级水生态环境功能分区Ⅲ类水达标率总体均呈上升趋势。Ⅲ类水达标率总体提高,但部分分区尤其是水域分区水质仍有待改善。

1.2.2　各水生态环境功能分区水生态现状

　　对 2017 年、2018 年、2019 年三年江苏省太湖流域内 49 个水生态环境功能分区的 57 个水生态监测点位开展调查监测,其中南京市点位 1 个,无锡市点位 18 个,常州市点位 15 个,苏州市点位 20 个,镇江市点位 3 个。依据《区划》及《太湖流域(江苏)水生态健康评估技术规程(试行)》相关要求,计算水生态健康指数,分析相较于《区划》2020 年目标的达成情况。

从流域水生态环境功能分区水生态健康指数评价结果来看,2017 年 44 个可监测水生态环境功能分区中达标分区有 16 个,占比为 36.36%。水生态健康指数均值为 0.48,评价等级为"中"。"良""中""一般"等级分区占比分别为 4.55%、43.18% 和 52.27%。水生态状况较差的分区主要分布在太湖的北部、西部以及东北部地区。

2018 年 49 个水生态环境功能分区中达标分区有 23 个,占比为 46.94%。水生态健康指数均值为 0.48,评价等级为"中"。"良""中""一般"等级分区占比分别为 4.08%、55.10% 和 40.82%。未达标分区主要分布在太湖北部、西部地区以及太湖湖心区。

2019 年 49 个水生态环境功能分区中达标分区有 14 个,占比为 28.57%,水生态健康指数均值为 0.48,评价等级为"中"。"良""中""一般"等级分区占比分别为 3.20%、46.94% 和 46.94%。

2017 年、2018 年、2019 年三年水生态达标情况有所波动,"良"级分区数始终偏少,各分区水生态健康指数均有待提高。从水生态健康指数等级颜色表征空间分布图(图 1.2-2、图 1.2-3、图 1.2-4)可以看出,太湖西部及东南部水质有所改善,水生态状况较差的分区主要分布在太湖的北部地区。

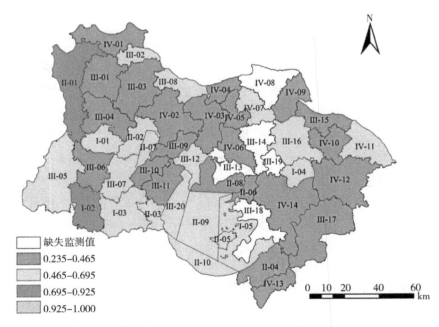

图 1.2-2　2017 年太湖流域水生态环境功能分区水生态健康指数等级空间分布情况

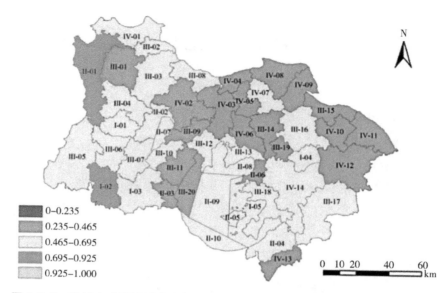

图 1.2-3　2018 年太湖流域水生态环境功能分区水生态健康指数等级空间分布情况

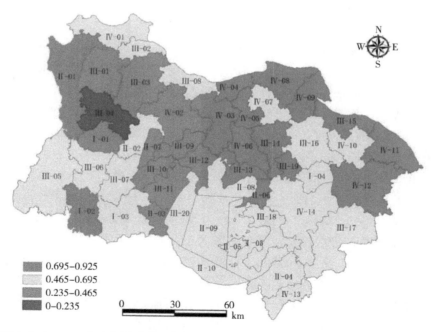

图 1.2-4　2019 年太湖流域水生态环境功能分区水生态健康指数等级空间分布情况

1.3 2019 年江苏省太湖流域水生态环境功能分区污染物入河量

1.3.1 工业污染物入河量

（1）计算方法

根据环境统计数据，调查研究区域内工业企业的基本情况、空间分布、污染物质 COD、氨氮、总氮、总磷的排放量等。具体计算方法如下。

工业污染物入河量为直排企业污染物入河量和通过污水厂处理后污染物入河量的总和，计算公式为

$$W_{\text{工}} = W_{\text{工P}} \times \beta_1 \qquad \text{（式 1-1）}$$

其中：$W_{\text{工}}$ 为工业污染物入河量；$W_{\text{工P}}$ 为工业污染物排放量，其排放量数据来源于江苏省环境统计数据；β_1 为工业污染物入河系数 1，入河系数取自《太湖流域主要入湖河流水环境综合整治规划编制技术规范》。

（2）计算结果

江苏省太湖流域水生态环境功能分区工业污染物 COD、氨氮、总氮、总磷入河总量分别为 29 173.75 t、1 791.17 t、5 755.63 t 和 190.43 t，见表 1.3-1。工业污染物 COD、氨氮、总氮、总磷入河量中，工业化学需氧量入河量前 10 的分区为 IV-14、IV-02、III-15、IV-13、IV-11、IV-06、IV-07、IV-08、IV-12 和 III-08，均超过 1 000 t/a；工业氨氮入河量前 10 的分区为 IV-14、IV-02、IV-11、III-15、III-17、IV-08、IV-13、IV-06、IV-12 和 III-08，均超过 60 t/a；工业总氮入河量前 10 的分区为 IV-14、IV-02、IV-11、IV-06、III-15、IV-07、IV-08、III-08、IV-04 和 IV-12，均超过 200 t/a；工业总磷入河量前 10 的分区为 IV-14、IV-11、IV-02、IV-08、IV-06、III-08、IV-01、III-15、III-17 和 IV-12，均超过 8 t/a。综合以上分析结果，工业污染物入河总量较为严重的分区涉及区域包括苏州市常熟市、张家港市、太仓市、吴江区、吴中区、姑苏区、高新区、苏州工业园区，常州市新北区、武进区、天宁区、钟楼区，无锡市江阴市、宜兴市、梁溪区、惠山区、新吴区、锡山区。对比工业污染物入河量的空间分布也可看出太湖北部和东部陆域分区工业污染物入河总量明显高于其他陆域分区部分，对比重点工业企业数目空间分布，两者具有较高的一致性。

表 1.3-1　各水生态环境功能分区工业污染物入河量①

水生态环境功能分区	工业COD入河量(t/a)	工业氨氮入河量(t/a)	工业总氮入河量(t/a)	工业总磷入河量(t/a)
Ⅰ-01	82.53	5.89	12.16	0.65
Ⅰ-02	10.21	1.34	2.63	0.10
Ⅰ-03	49.74	1.80	30.86	0.25
Ⅰ-04	181.18	15.28	45.84	1.53
Ⅱ-01	117.48	8.61	28.44	2.23
Ⅱ-02	210.78	6.98	13.00	1.58
Ⅱ-03	1.35	0.08	0.63	0.02
Ⅱ-04	1 059.45	49.71	126.37	2.54
Ⅱ-05	0.40	0.04	0.12	0.00
Ⅱ-06	85.87	8.10	27.55	0.88
Ⅲ-01	100.94	23.70	48.33	3.68
Ⅲ-02	102.98	5.30	16.94	2.75
Ⅲ-03	291.73	21.23	70.14	2.28
Ⅲ-04	421.19	31.60	98.10	2.64
Ⅲ-05	185.37	12.81	26.73	0.63
Ⅲ-06	452.45	27.44	92.84	0.94
Ⅲ-07	56.74	0.84	13.01	0.36
Ⅲ-08	1 110.93	67.20	241.80	10.04
Ⅲ-09	97.24	6.19	12.95	0.61
Ⅲ-10	39.75	0.52	7.03	0.15
Ⅲ-11	328.79	8.35	102.91	2.33
Ⅲ-12	62.99	2.27	14.65	0.40
Ⅲ-13	209.18	8.76	56.72	1.65
Ⅲ-14	116.50	6.10	28.21	0.95
Ⅲ-15	2 341.91	152.06	356.71	9.57
Ⅲ-16	481.24	41.73	122.38	4.20
Ⅲ-17	1 103.77	80.66	214.55	8.64
Ⅲ-18	70.54	8.65	19.14	1.27

---

①　本书表格数据由于四舍五入，总和可能会产生偏差。

水生态环境 功能分区	工业 COD 入 河量(t/a)	工业氨氮入 河量(t/a)	工业总氮入 河量(t/a)	工业总磷入 河量(t/a)
Ⅲ-19	29.12	3.34	8.66	0.21
Ⅳ-01	219.95	37.84	111.43	9.75
Ⅳ-02	2 545.89	171.17	505.59	14.50
Ⅳ-03	743.88	26.19	145.73	2.26
Ⅳ-04	950.82	42.97	221.28	5.59
Ⅳ-05	530.61	39.22	72.55	3.23
Ⅳ-06	1 711.33	77.45	405.19	10.60
Ⅳ-07	1 543.34	50.72	301.14	5.35
Ⅳ-08	1 453.44	80.48	250.29	10.88
Ⅳ-09	896.94	56.81	166.72	5.80
Ⅳ-10	718.66	60.86	172.30	6.29
Ⅳ-11	2 024.46	161.19	496.38	14.79
Ⅳ-12	1 287.18	75.99	219.66	8.10
Ⅳ-13	2 034.27	78.65	209.45	6.66
Ⅳ-14	3 110.63	225.05	638.52	23.55
总和	29 173.75	1 791.17	5 755.63	190.43

1.3.2 生活污染物入河量

（1）计算方法

城镇生活污染物入河量

$$W_{生1} = W_{生1p} \times \beta_2 \qquad （式1-2）$$

$$W_{生1p} = N_{城} \times \alpha_1 \qquad （式1-3）$$

其中：$W_{生1}$ 为城镇生活污染物入河量；$W_{生1p}$ 为城镇生活污染物排放量；β_2 为城镇生活污染物入河系数 0.8，入河系数取自《太湖流域主要入湖河流水环境综合整治规划编制技术规范》。$N_{城}$ 为各分区城镇人口，α_1 为城镇生活排污系数。

农村生活污染物入河量

$$W_{生2} = W_{生2p} \times \beta_3 \qquad （式1-4）$$

$$W_{\text{生}2p} = N_{\text{村}} \times \alpha_2 \qquad \text{（式 1-5）}$$

其中：$W_{\text{生}2}$ 为农村生活污染物入河量；$W_{\text{生}2p}$ 为农村生活污染物排放量；β_3 为农村生活污染物入河系数 0.7，入河系数取自《太湖流域主要入湖河流水环境综合整治规划编制技术规范》。$N_{\text{村}}$ 为各分区农村人口，α_2 为农村生活排污系数，排污系数取自《太湖流域主要入湖河流水环境综合整治规划编制技术规范》，见表 1.3-2。

表 1.3-2　生活污染物排放系数

污染物	城镇生活排污系数(g/人·日)	农村生活排污系数(g/人·日)
COD	36	27
氨氮	5	4
总氮	8	6
总磷	0.3	0.2

（2）计算结果

各水生态环境功能分区城镇和农村生活污染物入河量分别见表 1.3-3 和表 1.3-4。江苏省太湖流域水生态环境功能分区生活污染物（城镇和农村）COD、氨氮、总氮、总磷入河总量分别为 99 447.20 t、16 939.14 t、31 360.31 t 和 1 510.01 t。

表 1.3-3　各水生态环境功能分区城镇生活污染物入河量

水生态环境功能分区	COD入河量(t/a)	氨氮入河量(t/a)	总氮入河量(t/a)	总磷入河量(t/a)
I-01	365.75	87.60	137.79	1.24
I-02	277.86	66.55	104.68	0.94
I-03	295.37	31.91	124.48	4.54
I-04	325.28	77.07	166.49	15.89
II-01	1 614.72	223.11	382.29	16.72
II-02	536.79	124.52	203.56	2.14
II-03	6.94	0.75	2.92	0.11
II-04	770.73	182.50	394.65	37.80
II-05	368.11	87.16	188.49	18.06
II-06	286.00	67.72	146.45	14.03
III-01	2 106.65	276.92	479.21	22.80

续表

水生态环境功能分区	COD入河量(t/a)	氨氮入河量(t/a)	总氮入河量(t/a)	总磷入河量(t/a)
Ⅲ-02	678.79	89.23	154.41	7.35
Ⅲ-03	1 600.58	264.43	438.70	13.56
Ⅲ-04	829.60	198.67	312.47	2.74
Ⅲ-05	765.22	162.51	276.01	2.75
Ⅲ-06	953.45	228.33	359.12	3.15
Ⅲ-07	556.63	133.30	209.65	1.84
Ⅲ-08	800.71	155.66	313.91	5.95
Ⅲ-09	491.57	117.72	185.15	1.62
Ⅲ-10	151.92	16.41	64.02	2.34
Ⅲ-11	1 042.01	112.57	439.13	16.03
Ⅲ-12	512.62	92.17	203.52	4.49
Ⅲ-13	1 477.62	159.41	622.93	22.69
Ⅲ-14	786.41	84.84	331.53	12.07
Ⅲ-15	509.02	120.53	260.65	24.97
Ⅲ-16	1 475.91	349.48	755.74	72.39
Ⅲ-17	1 383.60	327.62	708.47	67.86
Ⅲ-18	1 255.53	297.29	642.90	61.58
Ⅲ-19	147.07	25.23	68.58	4.71
Ⅳ-01	6 703.93	881.25	1 524.97	72.56
Ⅳ-02	7 925.85	1 898.08	2 985.27	26.16
Ⅳ-03	1 133.00	178.21	458.53	12.27
Ⅳ-04	825.80	89.09	348.14	12.68
Ⅳ-05	427.96	46.17	180.42	6.57
Ⅳ-06	3 280.40	353.90	1 382.94	50.36
Ⅳ-07	536.76	57.91	226.28	8.24
Ⅳ-08	1 141.24	270.23	584.37	55.98
Ⅳ-09	456.12	108.00	233.56	22.37
Ⅳ-10	241.42	57.16	123.62	11.84

续表

水生态环境 功能分区	COD入 河量(t/a)	氨氮入 河量(t/a)	总氮入 河量(t/a)	总磷入 河量(t/a)
Ⅳ-11	597.30	141.43	305.85	29.30
Ⅳ-12	1 803.83	427.12	923.65	88.48
Ⅳ-13	311.04	73.65	159.27	15.26
Ⅳ-14	6 068.61	1 436.96	3 107.44	297.66
总和	53 825.72	10 180.37	21 222.21	1 172.09

表 1.3-4 各水生态环境功能分区农村生活污染物入河量

水生态环境 功能分区	COD入 河量(t/a)	氨氮入 河量(t/a)	总氮入 河量(t/a)	总磷入 河量(t/a)
Ⅰ-01	398.72	59.07	88.60	2.95
Ⅰ-02	329.47	48.81	73.22	2.44
Ⅰ-03	569.09	84.31	126.46	4.22
Ⅰ-04	374.51	55.48	83.22	2.77
Ⅱ-01	1 386.49	205.41	308.11	10.27
Ⅱ-02	673.18	99.73	149.60	4.99
Ⅱ-03	99.34	14.72	22.08	0.74
Ⅱ-04	887.42	131.47	197.21	6.57
Ⅱ-05	423.84	62.79	94.19	3.14
Ⅱ-06	329.31	48.79	73.18	2.44
Ⅲ-01	1 680.47	248.96	373.44	12.45
Ⅲ-02	541.47	80.22	120.33	4.01
Ⅲ-03	1 767.61	261.87	392.80	13.09
Ⅲ-04	632.40	93.69	140.53	4.68
Ⅲ-05	1 341.62	198.76	298.14	9.94
Ⅲ-06	726.82	107.68	161.52	5.38
Ⅲ-07	660.05	97.78	146.68	4.89
Ⅲ-08	801.10	118.68	178.02	5.93
Ⅲ-09	874.35	129.53	194.30	6.48
Ⅲ-10	543.60	80.53	120.80	4.03
Ⅲ-11	1 597.90	236.73	355.09	11.84

续表

水生态环境功能分区	COD入河量(t/a)	氨氮入河量(t/a)	总氮入河量(t/a)	总磷入河量(t/a)
Ⅲ-12	570.08	84.46	126.68	4.22
Ⅲ-13	1 321.75	195.82	293.72	9.79
Ⅲ-14	1 205.93	178.66	267.98	8.93
Ⅲ-15	463.99	68.74	103.11	3.44
Ⅲ-16	1 345.35	199.31	298.97	9.97
Ⅲ-17	2 162.06	320.31	480.46	16.02
Ⅲ-18	1 961.93	290.66	435.99	14.53
Ⅲ-19	530.84	78.64	117.96	3.93
Ⅳ-01	943.71	139.81	209.71	6.99
Ⅳ-02	1 566.41	232.06	348.09	11.60
Ⅳ-03	2 192.16	324.76	487.15	16.24
Ⅳ-04	738.69	109.44	164.15	5.47
Ⅳ-05	656.25	97.22	145.83	4.86
Ⅳ-06	1 304.16	193.21	289.81	9.66
Ⅳ-07	1 280.36	189.68	284.52	9.48
Ⅳ-08	1 783.33	264.20	396.30	13.21
Ⅳ-09	1 108.73	164.26	246.38	8.21
Ⅳ-10	880.25	130.41	195.61	6.52
Ⅳ-11	933.37	138.28	207.41	6.91
Ⅳ-12	2 818.73	417.59	626.38	20.88
Ⅳ-13	756.08	112.01	168.02	5.60
Ⅳ-14	2 458.56	364.23	546.35	18.21
总和	45 621.48	6 758.77	10 138.10	337.92

1.3.3 农田污染物入河量

在农业生产过程中,农药化肥的使用、污水灌溉以及农业废弃物等其他不合理的农业措施,可能会对农田及其生态环境造成不利影响。如农药化肥的不合理施用会对土壤造成不同程度的污染,土壤结构及其生态系统会受到破坏,随降水、径流和渗流等作用,氮、磷、农药等会被带入水中,从而对水环境造成一定的水质污染。

（1）计算方法

根据《太湖流域主要入湖河流水环境综合整治规划编制技术规范》中相关农田污染物入河量计算方法,本研究中农田污染物入河量计算步骤如下:

$$W_农 = W_{农p} \times \beta_4 \qquad (式 1-6)$$

其中:$W_农$ 为农田污染物入河量;$W_{农p}$ 为农田污染物排放量;β_4 为农田污染物入河系数 0.1,入河系数取自《太湖流域主要入湖河流水环境综合整治规划编制技术规范》;

$$W_{农p} = M \times \alpha_3 \qquad (式 1-7)$$

其中:M 为耕地面积;α_3 为农田排污系数,排污系数来自《太湖流域主要入湖河流水环境综合整治规划编制技术规范》,见表 1.3-5。

表 1.3-5　各类污染物排污系数表

污染物	农田排污系数[kg/(亩·年)]
COD	10
氨氮	2
总氮	20
总磷	2

（2）计算结果

江苏省太湖流域水生态环境功能分区农田污染物 COD、氨氮、总氮、总磷入河总量分别为 7 494.04 t、1 498.83 t、14 988.06 t 和 1 498.83 t,见表 1.3-6。

表 1.3-6　各水生态环境功能分区农田污染物入河量

水生态环境功能分区	农田 COD 入河量(t/a)	农田氨氮入河量(t/a)	农田总氮入河量(t/a)	农田总磷入河量(t/a)
I-01	136.77	27.35	273.54	27.35
I-02	101.88	20.38	203.76	20.38
I-03	186.88	37.38	373.75	37.38
I-04	49.81	9.96	99.62	9.96
II-01	468.59	93.72	937.18	93.72
II-02	176.29	35.26	352.58	35.26

水生态环境功能分区	农田 COD 入河量（t/a）	农田氨氮入河量（t/a）	农田总氮入河量（t/a）	农田总磷入河量（t/a）
II-03	61.27	12.25	122.54	12.25
II-04	142.92	28.58	285.83	28.58
II-05	11.46	2.29	22.92	2.29
II-06	61.13	12.23	122.26	12.23
III-01	276.36	55.27	552.71	55.27
III-02	95.87	19.17	191.75	19.17
III-03	387.58	77.52	775.17	77.52
III-04	251.92	50.38	503.85	50.38
III-05	637.65	127.53	1 275.30	127.53
III-06	239.94	47.99	479.88	47.99
III-07	168.00	33.60	335.99	33.60
III-08	154.94	30.99	309.89	30.99
III-09	126.36	25.27	252.72	25.27
III-10	111.68	22.34	223.37	22.34
III-11	150.05	30.01	300.10	30.01
III-12	66.00	13.20	132.00	13.20
III-13	58.41	11.68	116.82	11.68
III-14	175.23	35.05	350.46	35.05
III-15	142.29	28.46	284.59	28.46
III-16	251.02	50.20	502.03	50.20
III-17	326.16	65.23	652.31	65.23
III-18	75.71	15.14	151.41	15.14
III-19	52.88	10.58	105.77	10.58
IV-01	224.53	44.91	449.06	44.91
IV-02	207.93	41.59	415.86	41.59
IV-03	187.61	37.52	375.22	37.52
IV-04	39.85	7.97	79.71	7.97
IV-05	86.29	17.26	172.59	17.26

续表

水生态环境 功能分区	农田 COD 入 河量（t/a）	农田氨氮入 河量（t/a）	农田总氮入 河量（t/a）	农田总磷入 河量（t/a）
Ⅳ-06	70.71	14.14	141.42	14.14
Ⅳ-07	112.33	22.47	224.65	22.47
Ⅳ-08	214.87	42.97	429.75	42.97
Ⅳ-09	205.43	41.09	410.85	41.09
Ⅳ-10	161.48	32.30	322.95	32.30
Ⅳ-11	236.88	47.38	473.75	47.38
Ⅳ-12	278.73	55.75	557.46	55.75
Ⅳ-13	69.86	13.97	139.72	13.97
Ⅳ-14	252.49	50.50	504.97	50.50
总和	7 494.04	1 498.83	14 988.06	1 498.83

1.3.4　畜禽养殖污染物入河量

本研究对研究区域地级市及其所辖区、县范围内的统计年鉴中畜禽养殖情况进行汇总统计。

（1）计算方法

畜禽养殖污染物入河量

$$W_{畜禽} = W_{畜禽p} \times \beta_5 \qquad （式1-8）$$

其中：$W_{畜禽}$ 为畜禽养殖污染物入河量；$W_{畜禽p}$ 为畜禽养殖污染物排放量；β_5 为畜禽养殖污染物入河系数 0.6，入河系数取自《太湖流域主要入湖河流水环境综合整治规划编制技术规范》。

根据畜禽饲养量、饲养周期和饲养期内日均产污量的算法进行计算。公式如下：

$$W_{畜禽p} = Q \times T \times C \qquad （式1-9）$$

其中，$W_{畜禽p}$ 为各种污染物的年产生总量（kg），Q 为畜禽饲养量（头、只），T 为饲养周期（d），C 为产污系数（kg/d·头、只）。

根据统计年鉴，每种畜禽都有出栏数和存栏数两种数值，应根据饲养周期来判定是采用存栏数量还是出栏数量。根据相关文献，牛等大牲畜生长周期超过一年的，按 365 d 计算，以年末存栏数计算；猪的生长周期为 199 d，按年末出栏数计算;羊的生长周期为 365 d,按年末存栏数计算;禽类生长周期为 55 d,以年末出栏数计算;兔的生长周期为 90 d,按年末出栏数计算。

综上,根据年鉴中牛等大牲畜、猪、羊、兔、禽类等统计的出栏数和存栏数,牛等大牲畜、羊采用年末存栏数作为饲养量,猪、兔、禽类采用年末出栏数作为饲养量,由于不同类型的畜禽排污系数不同,本研究参考《太湖流域主要入湖河流水环境综合整治规划编制技术规范》,见表 1.3-7。

表 1.3-7　畜禽养殖排污系数表

污染物	猪排污系数[g/(头·d)]
COD	133.7
氨氮	10.8
总氮	22.7
总磷	8.45

(注:畜禽量按照如下关系换算:30 只蛋鸡＝1 头猪,60 只肉鸡＝1 头猪,3 只羊＝1 头猪,5 头猪＝1 头牛,50 只鸭＝1 头猪,40 只鹅＝1 头猪,60 只鸽＝1 头猪,均换算成猪的量。)

因江苏省太湖流域地级市、县级市、区统计年鉴中多数采用家禽存栏数、出栏数作为统计量,未将家禽数目细分蛋禽、肉禽等作统计,因此家禽折算成猪的数目时按照 50∶1 的比例进行折算。

(2) 计算结果

江苏省太湖流域水生态环境功能分区畜禽养殖污染物 COD、氨氮、总氮、总磷入河总量分别为 16 648.34 t、1 344.80 t、2 826.58 t 和 1 052.20 t,见表 1.3-8。

表 1.3-8　各水生态环境功能分区畜禽养殖污染物入河量

水生态环境功能分区	畜禽养殖 COD 入河量(t/a)	畜禽养殖氨氮入河量(t/a)	畜禽养殖总氮入河量(t/a)	畜禽养殖总磷入河量(t/a)
I-01	753.93	60.90	128.00	47.65
I-02	400.46	32.35	67.99	25.31
I-03	224.71	18.15	38.15	14.20
I-04	10.55	0.85	1.79	0.67
II-01	1 681.01	135.79	285.41	106.24
II-02	145.80	11.78	24.75	9.21
II-03	67.32	5.44	11.43	4.25
II-04	81.59	6.59	13.85	5.16

续表

水生态环境 功能分区	畜禽养殖 COD 入河量(t/a)	畜禽养殖氨氮 入河量(t/a)	畜禽养殖总氮 入河量(t/a)	畜禽养殖总磷 入河量(t/a)
II-05	4.49	0.36	0.76	0.28
II-06	6.62	0.53	1.12	0.42
III-01	1 408.35	113.76	239.11	89.01
III-02	527.49	42.61	89.56	33.34
III-03	1 488.62	120.25	252.74	94.08
III-04	1 297.59	104.82	220.31	82.01
III-05	827.53	66.85	140.50	52.30
III-06	393.61	31.80	66.83	24.88
III-07	148.41	11.99	25.20	9.38
III-08	237.77	19.21	40.37	15.03
III-09	177.30	14.32	30.10	11.21
III-10	85.44	6.90	14.51	5.40
III-11	138.21	11.16	23.46	8.73
III-12	62.53	5.05	10.62	3.95
III-13	21.16	1.71	3.59	1.34
III-14	31.89	2.58	5.41	2.02
III-15	391.29	31.61	66.43	24.73
III-16	728.60	58.85	123.70	46.05
III-17	72.49	5.86	12.31	4.58
III-18	39.92	3.22	6.78	2.52
III-19	8.35	0.67	1.42	0.53
IV-01	660.25	53.33	112.10	41.73
IV-02	525.00	42.41	89.14	33.18
IV-03	175.38	14.17	29.78	11.08
IV-04	79.75	6.44	13.54	5.04
IV-05	91.75	7.41	15.58	5.80
IV-06	28.16	2.27	4.78	1.78
IV-07	119.47	9.65	20.28	7.55

续表

水生态环境功能分区	畜禽养殖COD入河量(t/a)	畜禽养殖氨氮入河量(t/a)	畜禽养殖总氮入河量(t/a)	畜禽养殖总磷入河量(t/a)
IV-08	504.37	40.74	85.63	31.88
IV-09	384.13	31.03	65.22	24.28
IV-10	410.61	33.17	69.71	25.95
IV-11	1 145.26	92.51	194.45	72.38
IV-12	964.80	77.93	163.81	60.98
IV-13	48.56	3.92	8.24	3.07
IV-14	47.82	3.86	8.12	3.02
总和	16 648.34	1 344.80	2 826.58	1 052.20

1.3.5 水产养殖污染物入河量

（1）计算方法

水产养殖污染物入河量

$$W_{水产} = W_{水产P} \times \beta_6 \qquad (式1-10)$$

其中：$W_{水产}$ 为水产养殖污染物入河量；$W_{水产P}$ 为水产养殖污染物排放量；β_6 为水产养殖污染物入河系数（根据《太湖流域主要入湖河流水环境综合整治规划编制技术规范》，取值为 0.6）。

$$W_{水产P} = \sum_{i=1}^{n} M_i \times \alpha_i \qquad (式1-11)$$

其中：M_i 为第 i 种水产养殖类型产量；α_i 为第 i 种水产养殖排污系数。

水产养殖业污染物排放量参考《第二次全国污染源普查公报》，具体排污系数见表 1.3-9。

表 1.3-9 水产养殖排污系数表 　　　　　　　单位：g/kg

污染物	COD	氨氮	总氮	总磷
单位水产品养殖产量的排污强度	13.6	0.45	2.02	0.33

（2）计算结果

江苏省太湖流域水生态环境功能分区水产养殖污染物 COD、氨氮、总氮、总磷入河总量分别为 9 619.91 t、247.88 t、825.34 t 和 183.84 t，水产养殖污染物入河量较高的分区为Ⅲ-05、Ⅰ-03、Ⅲ-03、Ⅱ-01和Ⅲ-01,见表1.3-10。从空间分布来说,污染物入河总量高的地区分布在太湖西部,这些分区借助水域的地理优势发展水产养殖业,但同时也对水体造成一定程度的污染。

表 1.3-10　各水生态环境功能分区水产养殖污染物入河量

水生态环境 功能分区	水产养殖 COD 入河量（t/a）	水产养殖氨氮 入河量（t/a）	水产养殖总氮 入河量（t/a）	水产养殖总磷 入河量（t/a）
Ⅰ-01	227.29	5.86	19.50	4.34
Ⅰ-02	246.63	6.36	21.16	4.71
Ⅰ-03	519.22	13.38	44.55	9.92
Ⅰ-04	52.19	1.34	4.48	1.00
Ⅱ-01	466.50	12.02	40.02	8.92
Ⅱ-02	235.60	6.07	20.21	4.50
Ⅱ-03	155.56	4.01	13.35	2.97
Ⅱ-04	436.97	11.26	37.49	8.35
Ⅱ-05	22.18	0.57	1.90	0.42
Ⅱ-06	32.74	0.84	2.81	0.63
Ⅲ-01	465.36	11.99	39.93	8.90
Ⅲ-02	174.30	4.49	14.95	3.33
Ⅲ-03	472.71	12.18	40.56	9.04
Ⅲ-04	391.20	10.08	33.56	7.48
Ⅲ-05	547.16	14.10	46.94	10.46
Ⅲ-06	242.42	6.25	20.80	4.63
Ⅲ-07	342.92	8.84	29.42	6.55
Ⅲ-08	154.80	3.99	13.28	2.96
Ⅲ-09	172.81	4.45	14.83	3.30
Ⅲ-10	197.42	5.09	16.94	3.77
Ⅲ-11	319.34	8.23	27.40	6.10
Ⅲ-12	81.46	2.10	6.99	1.56
Ⅲ-13	47.30	1.22	4.06	0.90
Ⅲ-14	71.27	1.84	6.11	1.36
Ⅲ-15	127.37	3.28	10.93	2.43
Ⅲ-16	237.16	6.11	20.35	4.53

续表

水生态环境功能分区	水产养殖 COD 入河量(t/a)	水产养殖氨氮入河量(t/a)	水产养殖总氮入河量(t/a)	水产养殖总磷入河量(t/a)
Ⅲ-17	421.11	10.85	36.13	8.05
Ⅲ-18	207.21	5.34	17.78	3.96
Ⅲ-19	30.67	0.79	2.63	0.59
Ⅳ-01	177.02	4.56	15.19	3.38
Ⅳ-02	398.05	10.26	34.15	7.61
Ⅳ-03	228.38	5.88	19.59	4.37
Ⅳ-04	105.81	2.73	9.08	2.02
Ⅳ-05	121.73	3.14	10.44	2.33
Ⅳ-06	62.94	1.62	5.40	1.20
Ⅳ-07	158.51	4.08	13.60	3.03
Ⅳ-08	110.23	2.84	9.46	2.11
Ⅳ-09	83.95	2.16	7.20	1.60
Ⅳ-10	133.66	3.44	11.47	2.55
Ⅳ-11	105.30	2.71	9.03	2.01
Ⅳ-12	334.40	8.62	28.69	6.39
Ⅳ-13	260.09	6.70	22.31	4.97
Ⅳ-14	240.97	6.21	20.67	4.61
总和	9 619.91	247.88	825.34	183.84

1.3.6 污染物入河量总结

根据江苏省太湖流域水生态功能分区污染物入河量调查与数据分析,COD入河量较大的分区共 2 个,分别分布在太湖流域西北地区和东南地区。COD入河量来源以生活污染源和工业污染源为主,流域范围内这两类污染源的COD入河量占据 COD 入河总量的79.21%。COD 入河量污染源空间分布情况为生活污染源在流域范围内广泛分布,工业污染源主要分布在东部地区。

氨氮入河量较大的分区共 15 个,主要分布在太湖流域西北地区和东部地区。氨氮入河量来源以生活污染源为主,占据流域氨氮入河总量的 77.63%;在流域范围内广泛分布。

总氮入河量较大的分区共 25 个,在太湖流域范围内广泛分布。总氮入河量来源以生活污染源和农业污染源为主,二者占据流域总氮入河总量的 83.12%;

总氮入河量污染源空间分布情况为:生活污染源主要分布在太湖流域东部地区和西北地区,农业污染源主要分布在西南地区。

总磷入河量较大的分区共 14 个,主要分布在太湖流域西北地区和东部地区。总磷入河量来源以生活污染源、农业污染源和畜禽养殖污染源为主,三者占据流域总磷入河总量的 91.56%;总磷入河量污染源空间分布情况为:生活污染源主要分布在东部地区,农业污染源主要分布在西部地区,畜禽养殖污染源主要分布在西北地区。

1.4 江苏省太湖流域水生态环境功能分区土地利用现状

江苏省太湖流域土地利用类型划分为 6 个一级地类,15 个二级分类。基于耕地、林地、草地、湿地、人工表面和其他 6 个一级土地分类,对江苏省太湖流域 49 个水生态环境功能分区的土地利用情况调查分析,水生态环境功能分区多数林地、湿地面积占比未达到《区划》考核目标,其中 31 个分区林地或湿地面积未达标,林草覆盖率有待提升。

从江苏省太湖流域各水生态环境功能分区土地利用类型分布情况来看,人工表面、耕地、林地、湿地所占比例较高;林地占比较高的分区为Ⅱ-05、Ⅰ-02、Ⅰ-03、Ⅲ-12、Ⅲ-18、Ⅱ-03、Ⅲ-02 和Ⅱ-01,占比超过 20%。湿地占比较高的分区均为水域分区,包括Ⅱ-09、Ⅱ-10、Ⅰ-05、Ⅱ-08、Ⅲ-20 和Ⅱ-07。将 49 个水生态环境功能分区林地、湿地占比情况与《区划》空间管控目标对比,林地面积占比未达标的分区有 11 个,分别为Ⅲ-01、Ⅳ-01、Ⅲ-02、Ⅰ-03、Ⅲ-05、Ⅱ-03、Ⅲ-06、Ⅰ-02、Ⅱ-01、Ⅳ-08 和Ⅳ-06 分区,其中较 2020 年目标需提升率高于 1.00% 的分区为Ⅱ-03;湿地面积占比未达标分区包括Ⅲ-10、Ⅲ-09、Ⅱ-05、Ⅳ-10、Ⅲ-08 和Ⅱ-10 分区等 24 个分区,其中较 2020 年目标需提升率高于 1.00% 的分区为Ⅲ-10 和Ⅲ-19。2019 年江苏省太湖流域水生态环境功能分区土地利用目标达成情况见表 1.4-1。

表 1.4-1 2019 年江苏省太湖流域水生态环境功能分区土地利用情况

分区名称	林地面积占比	2020 年林地面积占比目标	湿地面积占比	2020 年湿地面积占比目标
Ⅰ-01	1.49%	0.50%	57.27%	58.00%
Ⅰ-02	47.87%	48.80%	12.66%	7.00%

分区名称	林地面积占比	2020 年林地面积占比目标	湿地面积占比	2020 年湿地面积占比目标
I-03	48.54%	48.80%	14.42%	4.60%
I-04	2.37%	1.00%	54.94%	55.20%
I-05	0.39%	0.30%	99.67%	99.70%
II-01	20.19%	20.50%	12.08%	7.50%
II-02	11.60%	4.70%	10.49%	10.80%
II-03	34.28%	36.00%	8.87%	6.70%
II-04	2.06%	0.30%	38.51%	39.20%
II-05	65.73%	53.60%	10.47%	11.00%
II-06	12.09%	11.00%	7.03%	7.50%
II-07	0.03%	0.00%	96.03%	93.70%
II-08	0.64%	0.60%	97.04%	97.90%
II-09	0.01%	—	99.87%	100.00%
II-10	0.00%	—	99.68%	100.00%
III-01	3.84%	3.90%	22.16%	13.10%
III-02	21.39%	22.20%	13.49%	4.70%
III-03	2.38%	2.10%	13.47%	6.80%
III-04	3.85%	3.20%	24.19%	22.40%
III-05	8.98%	9.00%	13.18%	12.30%
III-06	4.13%	4.20%	28.46%	28.50%
III-07	3.27%	1.90%	26.08%	26.60%
III-08	4.41%	1.90%	10.18%	10.50%
III-09	5.08%	0.30%	19.82%	20.50%
III-10	2.70%	0.10%	38.35%	39.60%
III-11	6.71%	3.70%	12.16%	12.50%
III-12	26.85%	20.40%	8.63%	8.70%
III-13	19.01%	17.20%	7.49%	7.10%
III-14	9.33%	3.90%	7.77%	5.20%
III-15	3.45%	0.70%	11.49%	6.10%

续表

分区名称	林地面积占比	2020年林地面积占比目标	湿地面积占比	2020年湿地面积占比目标
Ⅲ-16	4.76%	2.10%	25.91%	26.20%
Ⅲ-17	1.38%	0.20%	45.09%	45.60%
Ⅲ-18	22.35%	21.70%	23.13%	23.50%
Ⅲ-19	4.45%	2.00%	26.10%	27.20%
Ⅲ-20	0.58%	0.10%	98.90%	99.20%
Ⅳ-01	14.51%	15.30%	10.03%	5.50%
Ⅳ-02	2.53%	2.20%	7.43%	6.60%
Ⅳ-03	7.07%	2.50%	11.36%	10.50%
Ⅳ-04	8.54%	6.90%	9.94%	4.40%
Ⅳ-05	11.24%	4.80%	13.48%	9.70%
Ⅳ-06	1.99%	2.00%	9.93%	5.70%
Ⅳ-07	6.18%	3.80%	7.16%	4.70%
Ⅳ-08	0.6%	1.10%	6.44%	6.20%
Ⅳ-09	0.84%	0.50%	9.53%	5.10%
Ⅳ-10	2.79%	0.60%	17.71%	18.40%
Ⅳ-11	4.95%	0.00%	8.76%	7.50%
Ⅳ-12	2.25%	1.00%	22.51%	22.80%
Ⅳ-13	14.76%	12.90%	14.84%	13.60%
Ⅳ-14	4.73%	3.90%	23.41%	20.90%

1.5 江苏省太湖流域水生态环境功能分区物种保护现状

2017年至2019年,江苏省环境监测中心对太湖流域开展国考及省考断面点位监测。从监测结果看,2017年检出保护物种的分区占比15%,2018年检出保护物种的分区占比10%,2019年检出保护物种的分区占比15.5%,保护物种主要为背角无齿蚌、河蚬,占所有保护物种的16.7%。

1.6 主要问题识别及成因分析

1.6.1 产业结构问题突出

经济发展和环境保护的矛盾日益尖锐。根据水质分析结果,部分监测断面和地区出现挥发酚、氟化物等污染物超标现象,可能是由于流域产业结构偏重、部分企业生产工艺与污染治理技术有待升级、污染物达标排放率有待提高。

江苏省太湖流域产业密集、行业间存在发展不平衡问题。2019年流域内一、二、三产业结构比例为 1.5∶50.0∶48.5,第一产业不断下降,二、三产业比例有所增加,第二产业所占比例仍然较重,需要大举"退二进三"。太湖流域工业处于全国领先、发达的地位,在各行业中仍然占据主导地位,传统工业、制造业基础优势强,产值一直保持高速增长,服务业等虽发展较快,但总量仍然偏低,产业结构调整和优化升级是当下经济发展的重要任务。

1.6.2 污染因子总磷超标问题突出

结合水生态环境功能分区监测断面水质现状,流域内主要污染因子是总磷、化学需氧量、高锰酸盐指数等,化学需氧量、总磷等污染因子超标依然是江苏省太湖流域水体保护和治理工作的重点。监测断面污染因子历年变化趋势较为相似,超标频次、超标倍数等具有明显的变化规律,且以总磷超标问题最为突出,总磷超标地区分布恰与总量控制未达标分区结果吻合,以太湖北部和西部为主。因此对于未达标分区的水环境整治必须提上日程。

1.6.3 水生态问题严重

在大部分分区水质状况已得到改善的情况下,水生态健康指数状况依旧较差,2019年49个水生态环境功能分区中,达标分区数量仅占28.57%,评价等级为"良"的分区数量仅占3.2%。这说明水质和水生态健康状况在时空上存在一定的差异性,水生态健康指数是反映水质、水生生物等长期累积的综合效果,较单纯的水质理化性质而言在时间上具有一定滞后性。因此,今后在水环境评价工作中,在考虑水体理化性质的同时,也应纳入水生态健康指数,对水环境进行综合评价,更好地反映水体水质及生态健康状态。

1.6.4 污染物入河总量仍然较大

太湖流域城市发展不断加快,工业发达,流域有5个工业园区、6个化工集中区,规模以上企业数量 23 025 家,其中规模以上化工生产企业 918 家、电镀企业 534 家、造纸企业 114 家,经过近年工业点源污染整治工作的开展,工业污染排放已经得到一定的控制,但是污染总量仍是不可小觑的,工业源污染物化学需氧量、氨氮、总氮、总磷入河量分别占总入河量的 19.2％、9.90％、11.0％和 4.1％。太湖流域的人口密度相当于全国平均水平的 7 倍,根据实际调研结果,城镇生活污水收集率不高,实际污水接管率低于 80％,城镇生活源污染物化学需氧量、氨氮、总氮、总磷入河量分别占总入河量的 30.8％、43.7％、39.0％和 27.5％。目前农业面源污染治理已成为制约太湖流域生态环境进一步完善的主要因素。农田化肥施用强度约为发达国家的 2 倍,过度使用化肥导致的氮、磷流失问题依然存在;流域内畜禽养殖业规模化养殖比重低、无污染治理设施养殖企业比重大,存在畜禽养殖规模超出区域耕地可承载能力的问题,将成为未来 3～5 年农业面源污染整治重点。农村生活污水处理设施覆盖率较低,农业面源污染综合整治还未全面展开,工程建设和运营维护亟待解决资金、技术等问题。农业农村面源污染化学需氧量、氨氮、总氮和总磷入河量分别占总入河量的 50％、46.3％、50.0％和 68.4％,污染比重已接近污染物入河总量的一半。

1.6.5　土地利用结构不合理

随着太湖流域的社会经济迅速发展,城市化进程不断加快,流域周边的人口及开发建设项目逐渐增多,人类活动和土地利用类型的改变对江苏省太湖流域及周边环境带来了极大影响。土地利用方式及其程度的改变(如化学肥料、农药及杀虫剂的大量使用),会增加营养元素及悬浮物的入河通量,进而导致水体富营养化和水环境污染,水环境问题严重影响了湖体水生态健康。土地利用布局的变化(尤其是城镇用地的扩展、围湖造田)使得林地、草地、湿地等自然生态景观退化,严重破坏水生态环境,影响生物多样性。未来为保证水环境质量、实现空间管控目标,各分区仍需合理规划用地,保证生物栖息地、鱼类洄游通道、重要湿地等生态空间。

第二章

太湖流域水生态环境改善限制因子的识别方法建立

2.1 太湖流域水生态环境改善限制因子识别技术路线

以江苏省太湖流域49个水生态环境功能分区为基本单元,收集整理经济、社会与自然生态环境方面的相关资料,依照区域驱动力(D)、压力(P)、状态(S)、影响(I)和响应(R)等模块建立DPSIR模型,利用等权法计算各指标权重,并引入障碍度诊断模型识别影响49个分区水生态环境提升的限制因子,同时,通过对各分区2019年实际不达标指标的分析,验证DPSIR模型识别限制因子的准确性并完善识别的限制因子。技术路线见图2.1-1。

2.2 太湖流域水生态环境功能分区的 DPSIR 模型指标体系构建和权重确定

2.2.1 DPSIR 模型指标体系的构建

查阅近年来水生态环境综合评价相关文献100余篇,归纳出近年来常用DPSIR评价指标84个,结合对DPSIR模型包括的驱动力、压力、状态、影响、响应五个因素的分析以及江苏省太湖流域水生态环境功能区划的考核要求,并遵循指标选取系统性和科学性原则、地域性原则、动态性原则、明确性和可比性原则、准确性和可获取性原则、简明性原则、代表性原则、可定量性原则,归纳总结出适合于构建江苏省太湖流域各水生态环境分区DPSIR模型的

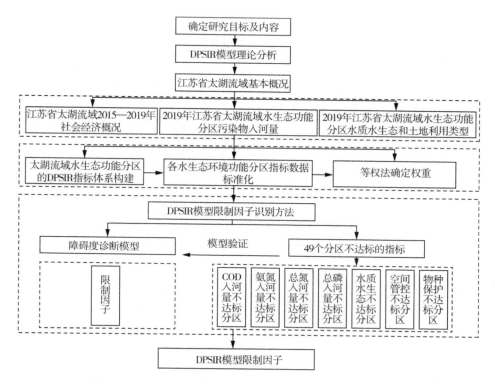

图 2.1-1　太湖流域水生态环境改善限制因子识别技术路线

GDP 总量(D1)、常住人口人均 GDP(D2)、人口密度(D3)、COD 年入河量/COD 入河量总量控制目标值(P1)、氨氮年入河量/氨氮入河量总量控制目标值(P2)、总氮年入河量/总氮入河量总量控制目标值(P3)、总磷年入河量/总磷入河量总量控制目标值(P4)、水体高锰酸盐指数(S1)、水体氨氮(S2)、水体总磷(S3)、水生态健康指数(I1)、物种保护考核评分(I2)、第三产业比重(R1)、水质考核断面优Ⅲ类比例达成度(R2)、林地面积占比目标达成度(R3)、湿地面积占比目标达成度(R4)、水生态健康指数目标达成度(R5)和生态红线管控评分(R6)相关指标 18 个(表 2.2-1)。由于 6 个太湖水域分区无社会经济相关指标统计,GDP 总量、常住人口人均 GDP 和人口密度取所有陆域分区最小值代替,第三产业占比取所有陆域分区最大值代替;且水域分区无污染物入河量总量控制要求,各污染物入河量/污染物入河量总量控制目标值的比值取 0。

表 2.2-1 五个因素八个原则分析后的陆域分区 DPSIR 评价指标

目标层	准则层	指标层	指标属性	指标代表的意义
水生态环境、社会经济目标、污染状况等相关指标综合评价	驱动力	GDP 总量(D1)	负	表征分区内 GDP 总量的高低对水环境的驱动影响
		常住人口人均 GDP(D2)	负	表征分区内人均 GDP 的高低对水环境的驱动影响
		人口密度(D3)	负	表征分区内人口密度对水环境的驱动影响
	压力	COD 年入河量/COD 入河量总量控制目标值(P1)	负	表征分区内 COD 排放对水环境的压力
		氨氮年入河量/氨氮入河量总量控制目标值(P2)	负	表征分区内氨氮排放对水环境的压力
		总氮年入河量/总氮入河量总量控制目标值(P3)	负	表征分区内总氮排放对水环境的压力
		总磷年入河量/总磷入河量总量控制目标值(P4)	负	表征分区内总磷排放对水环境的压力
	状态	水体高锰酸盐指数(S1)	负	表征分区内水体化学需氧量含量状态
		水体氨氮(S2)	负	表征分区内水体氨氮含量状态
		水体总磷(S3)	负	表征分区内水体总磷含量状态
	影响	水生态健康指数(I1)	正	表征分区内水生态健康状况的影响程度
		物种保护考核评分(I2)	正	表征分区内底栖敏感种的恢复程度
	响应	第三产业比重(R1)	正	表征分区内为改善生态环境做出的产业结构调整
		水质考核断面优Ⅲ类比例达成度(R2)	正	表征分区内为达到水质考核目标做出的响应
		林地面积占比目标达成度(R3)	正	表征分区内为增加林地面积做出的响应
		湿地面积占比目标达成度(R4)	正	表征分区内为增加湿地面积做出的响应
		水生态健康指数目标达成度(R5)	正	表征分区内为增加水生态健康指数做出的响应
		生态红线管控评分(R6)	正	表征分区内为实现生态红线管控要求做出的响应

2.2.2　太湖流域各水生态环境功能分区数据标准化

本研究指标数据采用2019年各分区统计的数据。由于DPSIR各项指标的计量单位并不统一，因此在用它们计算综合指标前，先要进行标准化处理，即把指标的绝对值转化为相对值，从而解决各项不同质指标值的同质化问题。为了说明各指标在阈值上下的相对发展趋势，本次采用功效系数法对指标进行标准化。

对于正向指标，即指标状态值越大越好的指标，采用公式(2-1)进行标准化：

$$y_j^* = \begin{cases} 1 - \dfrac{T_j}{y_j} \times 0.15, y_j \geqslant T_j \\ \dfrac{y_j}{T_j} \times 0.85, 0 < y_j < T_j \end{cases} \qquad (式2-1)$$

对于负向指标，即指标状态值越小越好的指标，采用公式(2-2)进行标准化：

$$y_j^* = \begin{cases} 1 - \dfrac{y_j}{T_j} \times 0.15, 0 < y_j \leqslant T_j \\ \dfrac{T_j}{y_j} \times 0.85, T_j < y_j \end{cases} \qquad (式2-2)$$

式中：y_j 为指标状态值，y_j^* 为指标标准化值，T_j 为指标状态值判别是否安全的临界值，即阈值。

2.2.3　指标权重确定

指标权重对水生态环境功能分区评价结果具有非常重要的影响，本研究根据公平性原则，采用等权法对各评价指标赋权。即首先对DPSIR模型准则层均权，然后对所属准则层指标均权。权重结果见表2.2-2。

表2.2-2　指标权重

准则层	指标层	权重
驱动力(0.2)	GDP总量(D1)	0.055 6
	常住人口人均GDP(D2)	0.055 6
	人口密度(D3)	0.055 6
压力(0.2)	COD年入河量/COD入河量总量控制目标值(P1)	0.055 6
	氨氮年入河量/氨氮入河量总量控制目标值(P2)	0.055 6
	总氮年入河量/总氮入河量总量控制目标值(P3)	0.055 6
	总磷年入河量/总磷入河量总量控制目标值(P4)	0.055 6

续表

准则层	指标层	权重
状态(0.2)	水体高锰酸盐指数(S1)	0.055 6
	水体氨氮(S2)	0.055 6
	水体总磷(S3)	0.055 6
影响(0.2)	水生态健康指数(I1)	0.055 6
	物种保护考核评分(I2)	0.055 6
响应(0.2)	第三产业比重(R1)	0.055 6
	水质考核断面优Ⅲ类比例达成度(R2)	0.055 6
	林地面积占比目标达成度(R3)	0.055 6
	湿地面积占比目标达成度(R4)	0.055 6
	水生态健康指数目标达成度(R5)	0.055 6
	生态红线管控评分(R6)	0.055 6

2.3 DPSIR 模型限制因子识别

为了更好地提升区域水生态环境,引入障碍度诊断模型,在 DPSIR 模型评价指标体系的基础上对 49 个分区水生态环境进行诊断,挖掘每个分区水生态环境提升的主要限制因子,最后提出对策建议。

2.3.1 障碍度诊断模型

障碍度诊断模型是在相关综合评价模型的基础之上演变而来的,它是对影响事物或目标评价的障碍因子进行全面诊断的数学统计模型。在综合评价的基础上利用障碍度诊断模型发现影响综合评价目标发展的主要障碍因子,可以科学有效地消除其对综合评价事物发展的影响,从而达到促进、提高综合评价目标或事物发展的作用。目前,障碍度诊断模型的研究和使用尚处于初级阶段,在障碍度诊断领域应用最为广泛的是基于指标偏离度的障碍度诊断模型。具体计算公式:

$$O_{ij} = \frac{I_{ij} \times F_j}{\sum\limits_{j=1}^{18} I_{ij} \times F_j} \qquad (式 2-3)$$

式中:$I_{ij} = 1 - X_{ij}$,X_{ij} 为单项指标采用极值法而得的标准化值,I_{ij} 为指标偏离度。F_j 为因子贡献度,即第 j 个指标的权重。

2.3.2 指标层限制因子的识别

运用上式计算 49 个分区指标层障碍度,由于指标较多,在此选取每个分区前 6 个障碍度最大的指标为主要障碍因子,即限制因子。结果见表 2.3-1。

表 2.3-1 基于 DPSIR 模型的 49 个水生态分区限制因子

分区	主要障碍因子障碍度大小排序					
	1	2	3	4	5	6
I-01	S3	R2	I2	R5	P4	P3
	13.62%	13.62%	11.61%	11.15%	9.83%	7.25%
I-02	I2	R3	R2	R6	R5	P2
	22.86%	7.75%	7.00%	7.00%	6.93%	6.81%
I-03	I2	S3	P4	P1	R5	P3
	15.37%	13.60%	12.33%	8.18%	7.85%	7.25%
I-04	I2	R5	S1	R4	S3	R2、R6
	21.55%	15.63%	11.94%	6.77%	6.60%	6.60%
I-05	R2	S3	I2	R5	R4	R6
	23.47%	17.69%	16.53%	10.70%	6.13%	6.12%
II-01	I2	P4	R3	R2	S3	R6、S1
	16.52%	13.96%	6.65%	6.12%	6.12%	6.12%
II-02	R2	I2	S2	R4	S3	R6、S1
	28.25%	13.84%	12.24%	4.93%	4.24%	4.24%
II-03	R5	I2	I1	R3	R2	R6、R1
	19.36%	16.58%	8.69%	7.80%	6.14%	6.14%
II-04	R2	I2	S3	R5	R4	R6
	19.02%	16.21%	14.33%	9.17%	5.46%	4.96%
II-05	R2	P3	P2	P4	P1	I2
	17.77%	12.09%	11.21%	9.47%	9.23%	8.71%
II-06	R5	I2	I1	R4	R2	R6
	18.06%	16.84%	9.99%	7.01%	5.16%	5.16%
II-07	R2	S3	R5	I1	I2	R6、S1

续表

分区	主要障碍因子障碍度大小排序					
	1	2	3	4	5	6
	34.27%	19.71%	9.46%	9.46%	5.14%	5.14%
Ⅱ-08	R2	S3	I2	R5	R4	R6
	32.73%	14.18%	13.26%	11.98%	5.16%	4.91%
Ⅱ-09	R2	S3	R5	I2	R4	R6
	33.93%	14.70%	14.22%	13.74%	5.13%	5.09%
Ⅱ-10	I2	S2	S3	R5	R4	R2、R6、S1
	19.55%	17.29%	17.29%	12.18%	6.09%	5.98%
Ⅲ-01	P4	R5	I1	R3	I2	S2、S3、R2、R6
	13.21%	11.16%	11.16%	6.30%	5.76%	5.76%
Ⅲ-02	P4	I2	P1	P3	R3	R2、R6
	19.73%	14.53%	8.75%	7.25%	6.50%	5.38%
Ⅲ-03	S3	I2	R2	P4	R5	I1
	15.22%	14.23%	12.74%	6.03%	5.66%	5.66%
Ⅲ-04	R5	I1	S3	I2	P4	R2、R6、S1、S2
	14.89%	14.89%	14.32%	12.21%	7.74%	3.74%
Ⅲ-05	P3	P4	I2	R5	R3	R2、R6
	12.71%	12.69%	12.32%	8.74%	5.83%	5.77%
Ⅲ-06	I2	R2	S2	P3	P2	R3
	14.93%	13.21%	13.21%	9.82%	5.56%	5.00%
Ⅲ-07	I2	R4	R2	S2	R6	S1、S3
	20.39%	6.93%	6.24%	6.24%	6.24%	6.24%
Ⅲ-08	R2	S2	I2	P3	R5	R4
	12.82%	12.82%	11.99%	9.97%	9.47%	5.20%
Ⅲ-09	I2	R4	R5	I1	S2	R6、S3、S1
	21.52%	7.83%	7.71%	7.71%	6.59%	6.59%
Ⅲ-10	I2	R5	I1	R4	R6	S3、S1、R2
	17.50%	10.67%	10.67%	7.64%	6.48%	6.48%

续表

分区	主要障碍因子障碍度大小排序					
	1	2	3	4	5	6
Ⅲ-11	I2	R5	P1	P3	P2	R2
	12.64%	12.11%	11.28%	10.58%	7.58%	5.86%
Ⅲ-12	R5	I2	I1	R4	R2	S1、S2、S3、R6
	20.02%	14.61%	12.07%	5.65%	5.41%	5.41%
Ⅲ-13	R5	I2	S3	I1	R2	P3
	16.50%	13.45%	11.89%	11.09%	8.00%	6.33%
Ⅲ-14	R5	I2	R2	I1	S3	R6、S1
	17.48%	14.85%	13.13%	11.13%	8.22%	4.54%
Ⅲ-15	R5	I2	P4	P1	P3	I1
	14.32%	13.22%	13.21%	11.48%	6.88%	5.26%
Ⅲ-16	I2	P4	S3	R5	P3	R4
	15.91%	14.28%	14.07%	7.21%	6.20%	5.17%
Ⅲ-17	I2	R4	R6	S3	R5	I1
	21.50%	7.00%	6.58%	6.58%	5.82%	5.82%
Ⅲ-18	I2	P3	P2	P4	R5	P1
	14.93%	13.32%	11.71%	9.60%	8.71%	5.25%
Ⅲ-19	I2	R5	I1	R4	R6	S2
	18.16%	15.92%	15.92%	6.83%	5.56%	5.56%
Ⅲ-20	R2	S3	R5	I2	R4	R6、S1
	31.29%	17.99%	13.19%	12.67%	4.78%	4.69%
Ⅳ-01	P3	P2	P1	P4	I2	R5
	14.17%	13.51%	12.88%	12.78%	11.21%	6.79%
Ⅳ-02	I2	I1	P3	P2	R6	S3、S2
	16.74%	13.24%	9.20%	9.17%	5.12%	5.12%
Ⅳ-03	I1	R5	I2	R2	R6	S3、S2
	17.04%	17.04%	15.38%	11.38%	4.71%	4.71%
Ⅳ-04	I2	P3	I1	R5	D2	R2、R6

分区	主要障碍因子障碍度大小排序					
	1	2	3	4	5	6
	18.75%	9.47%	8.12%	8.12%	5.74%	5.74%
Ⅳ-05	I2	I1	R5	R2	R6	S3、S1、S2
	19.12%	11.20%	11.20%	5.85%	5.85%	5.85%
Ⅳ-06	S2	I2	P3	S3	I1	R5
	13.23%	12.36%	9.20%	7.46%	7.42%	7.42%
Ⅳ-07	I2	S2	R2	R6	I1	R5
	18.44%	6.83%	6.83%	6.83%	6.76%	6.76%
Ⅳ-08	I2	P4	I1	R5	P3	P1
	13.53%	11.71%	10.35%	10.35%	9.06%	7.52%
Ⅳ-09	I2	P4	P1	P3	I1	R5
	15.79%	9.82%	9.64%	9.10%	9.01%	9.01%
Ⅳ-10	I2	R4	R6	R2	S3	I1、R5
	22.28%	8.28%	6.82%	6.82%	6.82%	6.57%
Ⅳ-11	I2	R2	S3	I1	R5	P3
	16.66%	14.73%	14.73%	7.09%	7.09%	5.45%
Ⅳ-12	R5	I2	I1	S3	P4	S2
	16.54%	15.35%	9.22%	8.50%	6.83%	6.75%
Ⅳ-13	R2	I2	S3	S2	R6	S1
	27.83%	13.64%	12.06%	4.17%	4.17%	4.17%
Ⅳ-14	P4	S2	S3	I2	P3	R6、D1
	13.74%	11.76%	11.76%	10.99%	9.01%	4.07%

由表 2.3-1 可知,2019 年 49 个水生态分区的限制度排名前 6 位的限制因子差异较大,其中首要限制因子有物种保护考核评分、水生态健康指数、总氮年入河量/总氮入河量总量控制目标值、总磷年入河量/总磷入河量总量控制目标值、水质考核断面优Ⅲ类比例达成度、水生态健康指数目标达成度、水体氨氮和水体总磷浓度。具体如下:

物种保护考核评分指标在 22 个分区都是首要限制因子,限制度在 12.64%(Ⅲ-11 分区)～22.86%(Ⅰ-02 分区),平均限制度为 17.94%,极大地限制了太湖流域水生态环境的改善。这 22 个分区需着重提高物种丰富度。

　　水生态健康指数指标仅在 Ⅳ-03 分区是首要限制因子,限制度为 17.04％,极大地限制了该分区水生态环境的改善。然而,水生态健康指数目标达成度在 Ⅱ-03、Ⅱ-06、Ⅲ-04、Ⅲ-12、Ⅲ-13、Ⅲ-14、Ⅲ-15 和 Ⅳ-12 共 8 个分区是首要限制因子,限制度在 14.32％(Ⅲ-15 分区)～20.02％(Ⅲ-12 分区),平均限制度为 17.15％,极大地限制了太湖流域水生态环境的改善。

　　在污染物入河量方面,总氮年入河量/总氮入河量总量控制目标值和总磷年入河量/总磷入河量总量控制目标值两个指标在分区 Ⅳ-14、Ⅳ-01、Ⅲ-05、Ⅲ-02 和 Ⅲ-01 共 5 个分区是首要限制因子,限制度在 12.71％(Ⅲ-05 分区)～19.73％(Ⅲ-02 分区),平均限制度为 14.71％,极大地限制了太湖流域水生态环境的改善。

　　水质考核断面优Ⅲ类比例达成度在 Ⅰ-05、Ⅱ-02、Ⅱ-04、Ⅱ-05、Ⅱ-07、Ⅱ-08、Ⅱ-09、Ⅲ-08、Ⅲ-20 和 Ⅳ-13 共 10 个分区是首要限制因子,限制度在 12.82％(Ⅲ-08 分区)～34.27％(Ⅱ-07 分区),平均限制度为 26.14％,极大地限制了太湖流域水生态环境的改善。

　　水体总磷浓度在 Ⅰ-01 和 Ⅲ-03 分区是首要限制因子,限制度分别为 13.62％和 15.22％,这两个分区需要首先改善水体总磷浓度。水体氨氮浓度在 Ⅳ-06 分区是首要限制因子,限制度为 13.23％。

2.4　49 个分区不达标的指标

　　DPSIR 指标障碍度诊断模型识别出的限制因子对于如何进一步提升分区整体水生态环境具有指导意义,但是若分区不达标指标过多,可能会忽略某些不达标的指标,而如果分区存在不达标的指标,更应视其为限制因子而采取相应治理措施,不能忽视。当各分区不达标指标经过治理达标后,再依据 DPSIR 指标障碍度诊断模型识别出的限制因子先后顺序实施相应的管控措施,以期全面提升区域水生态环境。

　　本研究以 49 个分区 DPSIR 模型中涵盖的总量控制、水质水生态、空间管控和物种保护等相关考核指标是否达标为依据,即根据太湖流域各分区 2030 年污染物入河量总量控制目标、水质考核断面优Ⅲ类比例目标、空间管控和物种保护等相关考核指标目、国家Ⅲ类水水质标准、水生态健康指数中等标准,列出各分区不达标的指标。49 个分区指标统计数据及各指标达标值见表 2.4-1。经过比较可知,49 个分区均存在不达标的指标,具体见表 2.4-2。

表 2.4-1　49个分区区划考核指标数据

分区	总量控制				水质水生态						空间管控			物种保护
	COD年入河量超标度	氨氮年入河量超标度	总氮年入河量超标度	总磷年入河量超标度	水体高锰酸盐指数	水体氨氮	水体总磷	水生态健康指数	水质考核断面优Ⅲ类比例达成度	水生态健康指数目标达成度	林地面积占比目标达成度	湿地面积占比目标达成度	生态红线管控	物种保护
I-01	0.72	1.20	1.22	1.45	6.00	0.75	0.40	0.433	0.50	0.62	2.99	0.99	10	6
I-02	0.65	0.97	0.95	0.89	4.00	0.15	0.10	0.702	1.00	1.01	0.98	1.81	10	6
I-03	1.15	0.76	1.11	1.40	5.00	0.58	0.30	0.613	1.00	0.88	0.99	3.14	10	6
I-04	0.35	0.12	0.25	0.03	7.00	0.58	0.20	0.527	1.00	0.76	2.37	1.00	10	6
I-05	0.00	0.00	0.00	0.00	4.00	0.33	0.30	0.603	0.50	0.87	1.29	1.00	10	7
II-01	0.95	0.86	0.87	1.29	6.00	0.50	0.20	0.835	1.00	1.20	0.98	1.61	10	7
II-02	0.69	0.84	0.85	0.61	6.00	1.50	0.20	0.533	0.00	1.15	2.47	0.97	10	6
II-03	0.22	0.18	0.34	0.56	5.00	0.75	0.15	0.431	1.00	0.62	0.95	1.32	10	7
II-04	0.49	0.62	0.73	0.77	5.00	0.33	0.30	0.591	0.50	0.85	6.88	0.98	10	6
II-05	1.77	2.30	2.66	1.82	4.00	0.15	0.30	0.470	0.00	0.68	1.23	0.95	10	6
II-06	0.45	0.66	0.97	0.90	5.00	0.75	0.15	0.388	1.00	0.56	1.10	0.94	10	6
II-07	0.00	0.00	0.00	0.00	6.00	0.50	0.40	0.396	0.00	0.85	5.84	1.02	10	10
II-08	0.00	0.00	0.00	0.00	4.00	0.50	0.30	0.519	0.00	0.75	1.07	0.99	10	7

续表

分区	总量控制				水质水生态						空间管控			物种保护
	COD年入河量超标度	氨氮年入河量超标度	总氮年入河量超标度	总磷年入河量超标度	水体高锰酸盐指数	水体氨氮	水体总磷	水生态健康指数	水质考核断面优Ⅲ类比例达成度	水生态健康指数目标达成度	林地面积占比目标达成度	湿地面积占比目标达成度	生态红线管控	物种保护
Ⅱ-09	0.00	0.00	0.00	0.00	4.00	0.15	0.30	0.475	0.00	0.68	5.84	1.00	10	7
Ⅱ-10	0.00	0.00	0.00	0.00	6.00	1.50	0.30	0.568	1.00	0.82	5.84	1.00	10	6
Ⅲ-01	0.85	0.81	0.91	1.30	4.00	1.00	0.20	0.388	1.00	0.83	0.98	1.69	10	10
Ⅲ-02	1.12	0.91	1.07	1.89	4.00	0.50	0.10	0.539	1.00	1.16	0.96	2.87	10	7
Ⅲ-03	0.72	0.64	0.78	1.03	6.00	1.00	0.30	0.459	0.75	0.99	1.13	1.98	10	7
Ⅲ-04	0.59	0.79	0.92	1.23	6.00	1.00	0.40	0.220	1.00	0.47	1.20	1.08	10	6
Ⅲ-05	0.70	0.91	1.27	1.27	5.00	0.50	0.10	0.632	1.00	0.91	1.00	1.07	10	8
Ⅲ-06	0.78	1.04	1.25	1.00	6.00	1.50	0.20	0.567	0.67	1.22	0.98	0.99	10	6
Ⅲ-07	0.78	0.82	0.82	0.72	6.00	1.00	0.20	0.525	1.00	1.13	1.72	0.98	10	6
Ⅲ-08	1.00	0.89	1.28	0.89	3.50	1.50	0.18	0.556	0.67	0.80	2.32	0.97	10	7
Ⅲ-09	0.51	0.72	0.62	0.41	6.00	1.00	0.20	0.451	1.50	0.97	16.94	0.97	10	6
Ⅲ-10	0.58	0.52	0.69	0.55	6.00	0.75	0.20	0.412	1.00	0.89	27.00	0.97	10	7
Ⅲ-11	1.51	1.20	1.44	0.99	6.36	1.05	0.21	0.434	0.91	0.62	1.81	0.97	10	6

续表

分区	总量控制				水质水生态						空间管控			物种保护
	COD年入河量超标度	氨氮年入河量超标度	总氮年入河量超标度	总磷年入河量超标度	水体高锰酸盐指数	水体氨氮	水体总磷	水生态健康指数	水质考核断面优Ⅲ类比例达成度	水生态健康指数目标达成度	林地面积占比目标达成度	湿地面积占比目标达成度	生态红线管控	物种保护
Ⅲ-12	0.43	0.50	0.63	0.41	6.00	1.00	0.20	0.364	1.00	0.52	1.32	0.99	10	7
Ⅲ-13	0.84	0.41	1.10	0.31	5.33	0.44	0.30	0.326	0.83	0.47	1.11	1.06	10	6
Ⅲ-14	0.54	0.42	0.78	0.68	6.00	0.67	0.23	0.346	0.67	0.50	2.39	1.49	10	6
Ⅲ-15	1.31	0.95	1.08	1.43	4.50	0.75	0.18	0.459	2.00	0.66	4.93	1.88	10	7
Ⅲ-16	0.81	0.92	1.05	1.52	4.50	0.79	0.30	0.636	1.00	0.92	2.27	0.99	10	6
Ⅲ-17	0.52	0.75	0.88	0.77	4.86	0.71	0.20	0.526	1.20	1.13	6.88	0.99	10	6
Ⅲ-18	1.03	1.38	1.51	1.24	4.40	0.46	0.10	0.584	1.00	0.84	1.03	0.98	10	6
Ⅲ-19	0.51	0.59	0.74	0.62	4.00	1.00	0.10	0.312	2.00	0.67	2.23	0.96	10	6
Ⅲ-20	0.00	0.00	0.00	0.00	6.00	0.50	0.40	0.473	0.00	0.68	5.84	1.00	10	7
Ⅳ-01	1.95	2.08	2.23	1.93	4.33	0.69	0.17	0.575	1.00	0.83	0.95	1.82	10	6
Ⅳ-02	0.80	1.16	1.16	0.56	4.57	1.00	0.20	0.335	2.57	1.43	1.15	1.13	10	6
Ⅳ-03	0.34	0.43	0.47	0.39	5.50	1.00	0.20	0.250	0.75	0.54	2.83	1.08	10	6
Ⅳ-04	0.88	0.60	1.13	0.70	3.33	0.38	0.17	0.431	1.00	0.93	1.24	2.26	10	6

续表

分区	总量控制				水质水生态						空间管控			物种保护
	COD年入河量超标度	氨氮年入河量超标度	总氮年入河量超标度	总磷年入河量超标度	水体高锰酸盐指数	水体氨氮	水体总磷	水生态健康指数	水质考核断面优III类比例达成度	水生态健康指数目标达成度	林地面积占比目标达成度	湿地面积占比目标达成度	生态红线管控	物种保护
IV-05	0.66	0.62	0.74	0.59	6.00	1.00	0.20	0.390	1.00	0.84	2.34	1.39	10	6
IV-06	0.80	0.63	1.22	0.86	5.50	1.50	0.23	0.414	1.00	0.89	0.99	1.74	10	7
IV-07	0.62	0.47	0.68	0.60	4.67	1.00	0.17	0.470	1.00	1.01	1.63	1.52	10	7
IV-08	1.17	1.04	1.27	1.48	4.00	0.83	0.20	0.342	2.00	0.74	1.00	1.04	10	6
IV-09	1.21	1.03	1.18	1.22	4.00	1.00	0.10	0.394	1.00	0.85	1.67	1.87	10	6
IV-10	0.61	0.50	0.71	0.91	4.00	0.50	0.20	0.483	1.00	1.04	4.65	0.96	10	6
IV-11	0.86	0.76	1.01	0.91	3.60	0.29	0.30	0.433	0.67	0.93	27.00	1.17	10	6
IV-12	0.63	0.71	0.92	0.72	5.67	1.08	0.23	0.386	2.08	0.56	2.25	0.99	10	6
IV-13	0.91	0.70	0.88	1.72	6.00	1.00	0.30	0.513	0.00	1.10	1.14	1.09	10	6
IV-14	0.68	0.98	1.27	1.72	4.67	1.50	0.30	0.543	1.09	1.17	1.21	1.12	10	7
达标值	1	1	1	1	6	1	0.2	0.465	1		1	1	10	10

注：水质指标数值根据断面水质实测类别分类而来。例如，断面水质若为III类，则取值为国标III类水对应的数值，其中含有湖泊的分区总磷浓度按照河流的同一类别值赋值。水质指标标准值的设定以III类水达标为标准，水生态健康指数标准值的设定以达到"中"为标准。

表 2.4-2 49 个分区不达标指标的限制程度

分区	总量控制				水质水生态						空间管控			物种保护
	COD年入河量超标度	氨氮年入河量超标度	总氮年入河量超标度	总磷年入河量超标度	水体高锰酸盐指数	水体氨氮	水体总磷	水生态健康指数	水质考核断面优Ⅲ类比例达成度	水生态健康指数目标达成度	林地面积占比目标达成度	湿地面积占比目标达成度	生态红线管控	物种保护
I-01		1.2（轻）	1.22（轻）	1.45（轻）			0.4（重）	0.433（轻）	0.5（轻）	0.62（轻）		0.99（轻）		6（重）
I-02											0.98（轻）			6（重）
I-03	1.15（轻）		1.11（轻）	1.4（轻）			0.3（轻）			0.88（轻）	0.99（轻）			6（重）
I-04					7（轻）					0.76（轻）		1（轻）		6（重）
I-05						1.5（轻）	0.3（轻）		0.5（轻）	0.87（轻）		1（轻）		7（轻）
II-01				1.29（轻）							0.98（轻）			7（轻）
II-02									0（重）	0.62（轻）		0.97（轻）		6（重）
II-03								0.431（轻）			0.95（轻）			7（轻）

续表

分区	总量控制				水质水生态						空间管控			物种保护
	COD年入河量超标度	氨氮年入河量超标度	总氮年入河量超标度	总磷年入河量超标度	水体高锰酸盐指数	水体氨氮	水体总磷	水生态健康指数	水质考核断面优Ⅲ类比例达成度	水生态健康指数目标达成度	林地面积占比目标达成度	湿地面积占比目标达成度	生态红线管控	物种保护
Ⅱ-04	1.77 (重)						0.3 (轻)		0.5 (轻)	0.85 (轻)		0.98 (轻)		6 (重)
Ⅱ-05		2.3 (重)	2.66 (重)	1.82 (重)			0.3 (轻)		0 (重)	0.68 (轻)		0.95 (轻)		6 (重)
Ⅱ-06							0.4 (重)	0.388 (轻)	0 (重)	0.56 (轻)		0.94 (轻)		6 (重)
Ⅱ-07							0.3 (轻)	0.396 (轻)	0 (重)	0.85 (轻)				
Ⅱ-08							0.3 (轻)		0 (重)	0.75 (轻)		0.99 (轻)		7 (轻)
Ⅱ-09						1.5 (轻)	0.3 (轻)		0 (重)	0.68 (轻)		1 (轻)		7 (轻)
Ⅱ-10							0.3 (轻)			0.82 (轻)		1 (轻)		6 (重)
Ⅲ-01				1.3 (轻)				0.388 (轻)		0.83 (轻)	0.98 (轻)			

续表

分区	总量控制				水质水生态						空间管控			物种保护
	COD年入河量超标度	氨氮年入河量超标度	总氮年入河量超标度	总磷年入河量超标度	水体高锰酸盐指数	水体氨氮	水体总磷	水生态健康指数	水质考核断面优Ⅲ类比例达成度	水生态健康指数目标达成度	林地面积占比目标达成度	湿地面积占比目标达成度	生态红线管控	物种保护
Ⅲ-02	1.12 (轻)		1.07 (轻)	1.89 (重)							0.96 (轻)			7 (轻)
Ⅲ-03				1.03 (轻)			0.3 (轻)	0.459 (轻)	0.75 (轻)	0.99 (轻)				7 (轻)
Ⅲ-04				1.23 (轻)			0.4 (重)	0.22 (重)		0.47 (重)				6 (重)
Ⅲ-05			1.27 (轻)	1.27 (轻)						0.91 (轻)	1 (轻)			8 (轻)
Ⅲ-06		1.04 (轻)	1.25 (轻)			1.5 (轻)			0.67 (轻)		0.98 (轻)	0.99 (轻)		6 (重)
Ⅲ-07												0.98 (轻)		6 (重)
Ⅲ-08			1.28 (轻)			1.5 (轻)			0.67 (轻)	0.8 (轻)		0.97 (轻)		7 (轻)
Ⅲ-09								0.451 (轻)		0.97 (轻)		0.97 (轻)		6 (重)

续表

分区	总量控制				水质水生态						空间管控			物种保护
	COD年入河量超标度	氨氮年入河量超标度	总氮年入河量超标度	总磷年入河量超标度	水体高锰酸盐指数	水体氨氮	水体总磷	水生态健康指数	水质考核断面优Ⅲ类比例达成度	水生态健康指数目标达成度	林地面积占比目标达成度	湿地面积占比目标达成度	生态红线管控	物种保护
Ⅲ-10	1.51（重）							0.412（轻）		0.89（轻）		0.97（轻）		7（轻）
Ⅲ-11		1.2（轻）	1.44（轻）		6.36（轻）	1.05（轻）	0.21（轻）	0.434（轻）	0.91（轻）	0.62（轻）		0.97（轻）		6（重）
Ⅲ-12			1.1（轻）					0.364（轻）	0.83（轻）	0.52（轻）		0.99（轻）		7（轻）
Ⅲ-13							0.3（轻）	0.326（轻）	0.67（轻）	0.47（重）				6（重）
Ⅲ-14							0.23（轻）	0.346（轻）		0.5（轻）				6（重）
Ⅲ-15	1.31（轻）		1.08（轻）	1.43（轻）				0.459（轻）		0.66（轻）				7（轻）
Ⅲ-16			1.05（轻）	1.52（重）			0.3（轻）			0.92（轻）		0.99（轻）		6（重）
Ⅲ-17												0.99（轻）		6（重）
Ⅲ-18	1.03（轻）	1.38（轻）	1.51（重）	1.24（轻）						0.84（轻）		0.98（轻）		6（重）

续表

分区	总量控制				水质水生态						空间管控			物种保护
	COD年入河量超标度	氨氮年入河量超标度	总氮年入河量超标度	总磷年入河量超标度	水体高锰酸盐指数	水体氨氮	水体总磷	水生态健康指数	水质考核断面优Ⅲ类比例达成度	水生态健康指数目标达成度	林地面积占比目标达成度	湿地面积占比目标达成度	生态红线管控	物种保护
Ⅲ-19	1.95(重)							0.312(轻)		0.67(轻)		0.96(轻)		6(重)
Ⅲ-20		2.08(重)	2.23(重)				0.4(重)		0(重)	0.68(轻)		1(轻)		7(轻)
Ⅳ-01		1.16(轻)	1.16(轻)	1.93(重)						0.83(轻)	0.95(轻)			6(重)
Ⅳ-02								0.335(轻)						6(重)
Ⅳ-03								0.25(轻)	0.75(轻)	0.54(轻)				6(重)
Ⅳ-04			1.13(轻)					0.431(轻)		0.93(轻)				6(重)
Ⅳ-05						1.5(轻)		0.39(轻)		0.84(轻)				6(重)
Ⅳ-06			1.22(轻)				0.23(轻)	0.414(轻)		0.89(轻)	0.99(轻)			7(轻)
Ⅳ-07														7(轻)

续表

分区	总量控制				水质水生态						空间管控			物种保护
	COD年入河量超标程度	氨氮年入河量超标程度	总氮年入河量超标程度	总磷年入河量超标程度	水体高锰酸盐指数	水体氨氮	水体总磷	水生态健康指数	水质考核断面优Ⅲ类比例达成度	水生态健康指数目标达成度	林地面积占比目标达成度	湿地面积占比目标达成度	生态红线管控	物种保护
Ⅳ-08	1.17（轻）	1.04（轻）	1.27（轻）	1.48（轻）				0.342（轻）		0.74（轻）	1（轻）			6（重）
Ⅳ-09	1.21（轻）	1.03（轻）	1.18（轻）	1.22（轻）				0.394（轻）		0.85（轻）				6（重）
Ⅳ-10							0.3（轻）	0.433（轻）	0.67（轻）	0.93（轻）		0.96（轻）		6（重）
Ⅳ-11			1.01（轻）											6（重）
Ⅳ-12				1.09（轻）		1.08（轻）	0.23（轻）	0.386（轻）		0.56（轻）		0.99（轻）		6（重）
Ⅳ-13							0.3（轻）							6（重）
Ⅳ-14		1.27（轻）		1.72（重）		1.5（轻）	0.3（轻）							7（轻）

注：总量控制限制程度轻：总量控制以超过标准值0~50%（含50%）为轻，林地面积占比目标达成度、林地面积占比目标达成度以超过目标比例达成度50%（含50%）以上为轻，水生态健康指数以处于一般等级的数值范围为轻，水生态考核断面优Ⅲ类比例达成度以处到目标比例达成度50%（含50%）以上为轻，物种保护以高于7分（含7分）且低于10分为轻，水质指标以低于50%（不含50%）为重，水质考核断面优Ⅲ类比例达成度及其以Ⅴ类以下为重，水生态健康指数处于差等级数值范围为重。总量控制限制程度重：总表控制限制程度以超过50%为重，水质考核断面优Ⅲ类比例达成度和湿地面积占比目标达成度，林地面积占比目标比例达成度低于目标50%（不含50%）以下为重，物种保护以低于7分为重。

2.5 DPSIR 模型识别限制因子方法的验证

从 2019 年各分区实际不达标指标可以看出,当分区不达标指标超过 6 个时,DPSIR 模型识别出的限制因子均为不达标指标,当分区不达标指标少于 6 个时,DPSIR 模型识别出的限制因子除了不达标指标,还识别出其他指标,这些指标作为较大的限制因子阻碍了该分区水生态环境的改善。因此,DPSIR 模型识别的限制因子准确率高,且弥补了分区若不达标指标较少,限制因子难以识别的缺陷。

综上所述,各分区为了实现水生态环境的全面提升,首先务必使其不达标指标全部达标,然后根据 DPSIR 模型识别出的限制因子,采取相应治理措施。表 2.5-1 列出了除不达标指标还存在其他指标是限制因子的分区。

表 2.5-1　除不达标指标还存在其他指标是限制因子的分区

分区	限制因子
I-02	R6、R5、P2
I-05	R6
II-01	R2、S3、R6、S1
II-02	S3、R6、S1
II-03	R2、R6、R1
II-04	R6
II-06	R2、R6
II-07	I2、R6、S1
II-08	R6
II-09	R6
II-10	R2、R6、S1
III-01	I2、S2、S3、R2、R6
III-02	R2、R6
III-04	R2、R6、S1、S2
III-05	R2、R6

续表

分区	限制因子
Ⅲ-07	R2、S2、R6、S1、S3
Ⅲ-09	S2、R6、S3、S1
Ⅲ-10	R6、S3、S1、R2
Ⅲ-12	R2、S1、S2、S3、R6
Ⅲ-14	R6、S1
Ⅲ-17	R6、S3、R5、I1
Ⅲ-19	R6、S2
Ⅲ-20	R6、S1
Ⅳ-02	R6、S3、S2
Ⅳ-03	R6、S3、S2
Ⅳ-04	D2、R2、R6
Ⅳ-05	R2、R6、S3、S1、S2
Ⅳ-07	S2、R2、R6、I1、R5
Ⅳ-10	R6、R2、S3、I1、R5
Ⅳ-13	S2、R6、S1
Ⅳ-14	R6、D1

第三章

最优化水生态环境管控方案筛选模式构建

3.1 技术路线

根据限制性因子和分区管控目标达成率,通过统计分析和关联分析对分区进行优化管控场景分析。将 49 个分区划分为总量控制超标分区(包含总氮-总磷-COD-氨氮四种污染物联合超标、总氮-总磷-COD 联合超标、总氮-总磷-氨氮联合超标、总氮-氨氮-COD 联合超标、总氮-总磷联合超标、氨氮-总氮联合超标、单一总磷超标、单一总氮超标)、水质水生态超标型分区和空间管控超标分区。对于总量控制超标分区,采用多目标优化方法,以工业废水处理设施建设、产业结构优化、养殖结构优化、养殖废水资源化利用、城镇污水处理能力提升、高标准农田建设、水产养殖废水处理等技术措施为优化变量;以总量达标为硬性约束条件,以成本最低、收益最高、满意度最大为优化目标,构建典型分区管控优化模型。通过参数调研和测算,结合 NSGA-II 算法为每个典型分区生成 100 组备选方案,并根据分区限制性因子筛选优化管控方案(各类措施的总量削减量)。根据典型分区的经验,对同类型分区开展优化管控措施构建。对于水质和水生态不达标分区,统计历年的治理投入、水质净化工程,测算治理投入和工程数量。通过散点图绘制和数据拟合,测算单位水质提升率、单位生态指数提升需要投入的工程建设数量和投资总额。最后,根据空间管控目标达成率,测算各类分区林地、湿地预期建设规模。结合上述步骤,为各类分区生成综合优化管控方案。技术路线如图 3.1-1 所示。

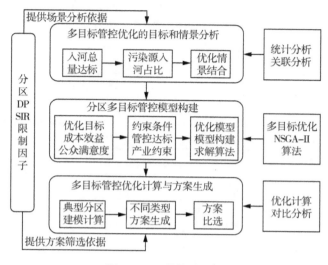

图 3.1-1 技术路线图

3.2 太湖流域水生态环境功能分区最优化管控场景分析

基于上述限制因子的识别,发现太湖流域很多分区仍然存在水生态环境功能分区总量控制、空间管控、水质水生态指数等主要管控目标不达标的场景。为实现水生态环境功能分区管控目标的"可达可控性""公众满意性"等要求,需要以水生态环境质量响应最优、治理成本最低、公众满意度最高等为目标,以各分区的水生态环境管控要求、经济社会发展规划等为约束条件,对水污染控制技术和水生态修复技术进行多目标最优化筛选、组合。

3.2.1 污染物入河总量不达标分区场景

通过归纳单一污染物入河量超标和多种污染物入河量联合超标,总结得出总氮-总磷-COD-氨氮四种污染物联合超标的分区有 Ⅱ-05、Ⅲ-18、Ⅳ-01、Ⅳ-08 和 Ⅳ-09;总氮-总磷-COD 联合超标的分区有 Ⅰ-03、Ⅲ-02 和 Ⅲ-15;总氮-总磷-氨氮联合超标的分区有 Ⅰ-01;总氮-氨氮-COD 联合超标的分区有 Ⅲ-11;总氮-总磷联合超标的分区有 Ⅲ-05、Ⅲ-16 和 Ⅳ-14;氨氮-总氮联合超标分区有 Ⅲ-06 和 Ⅳ-02;单一总磷超标的分区有 Ⅱ-01、Ⅲ-01、Ⅲ-03、Ⅲ-04 和 Ⅳ-12;单一总氮超标的分区有 Ⅲ-08、Ⅲ-13、Ⅳ-04、Ⅳ-06 和 Ⅳ-11,并选择典型分区作详细论述,见表 3.2-1。

表 3.2-1　污染物入河总量不达标分区分类

污染类型	分区	典型分区
总氮-总磷-COD-氨氮	Ⅱ-05、Ⅲ-18、Ⅳ-01、Ⅳ-08 和 Ⅳ-09	Ⅳ-01
总氮-总磷-COD	Ⅰ-03、Ⅲ-02 和 Ⅲ-15	Ⅲ-02
总氮-总磷-氨氮	Ⅰ-01	Ⅰ-01
总氮-氨氮-COD	Ⅲ-11	Ⅲ-11
总氮-总磷	Ⅲ-05、Ⅲ-16 和 Ⅳ-14	Ⅳ-14
氨氮-总氮	Ⅲ-06 和 Ⅳ-02	Ⅳ-02
单一总磷	Ⅱ-01、Ⅲ-01、Ⅲ-03、Ⅲ-04 和 Ⅳ-12	Ⅳ-12
单一总氮	Ⅲ-08、Ⅲ-13、Ⅳ-04、Ⅳ-06 和 Ⅳ-11	Ⅲ-13

3.2.2　水质水生态不达标分区场景

对水质水生态不达标的分区,要分析其污染物入河量是否达标,如果污染物入河量不达标,需要同时执行污染物总量控制措施,如果污染物入河量达标,仅需治理河湖内源污染。对所有水质水生态不达标的分区均提出管控方案,本文以水质考核断面优Ⅲ类比例未达成 2030 年目标的分区作为水质水生态不达标分区分析的场景。2019 年Ⅰ级至Ⅳ级水生态环境功能分区监测断面达或优Ⅲ比例最高分别为 83.33%、75.00%、78.26% 和 67.31%,各级水生态环境功能分区Ⅲ类水达成率总体均呈上升趋势。2019 年 49 个水生态环境功能分区中达标分区 14 个,占比为 28.57%,水生态健康指数均值为 0.48,评价等级为"中"。"良""中""一般"等级分区占比分别为 3.20%、46.94% 和 46.94%。

3.2.3　空间管控不达标分区场景

空间管控不达标分区分为林地面积占比、湿地面积占比和生态红线不达标 3 类场景。其中林地面积占比不达标的有Ⅲ-01、Ⅳ-01、Ⅲ-02、Ⅰ-03、Ⅲ-05、Ⅱ-03、Ⅲ-06、Ⅰ-02、Ⅱ-01、Ⅳ-08 和 Ⅳ-06;湿地面积占比不达标的有Ⅲ-10、Ⅲ-09、Ⅱ-05、Ⅳ-10、Ⅲ-08、Ⅲ-16、Ⅲ-17、Ⅱ-02、Ⅲ-12、Ⅲ-11、Ⅲ-06、Ⅲ-19、Ⅰ-04、Ⅲ-18、Ⅱ-04、Ⅰ-01、Ⅲ-07、Ⅳ-12、Ⅱ-06、Ⅲ-20、Ⅰ-05、Ⅱ-08、Ⅱ-09 和 Ⅱ-10;无生态红线不达标分区。空间管控不达标的管控方案与上述总量不达标和水质水生态不达标的管控方案的制订相关性较小。故仅针对空间管控不达标分区单独分析,提出管控方案。

3.3　多目标管控优化方法

3.3.1　多目标优化的水生态环境管控方案设计

课题按照多目标优化理论,构建水生态环境管控方案筛选和技术模式,搭建问题的理论分析框架,抽象出需要优化的管控措施变量,管控方案优化的目标、约束,从而构建多目标最优化的理论模型。

1) 确定待优化的管控措施变量

待优化变量即需要求解的变量。根据管控需要可以分为两个层次。第一层次首先是大类管控措施:工业污水处理、生活污水处理、产业结构调整优化等。

$$T = \{T_1, T_2, \cdots, T_N\}$$

由于大类管控措施与水生态环境的驱动力、压力等因素直接相关,且对经济社会具有较大的影响,因此,在多目标优化管控中,应重点关注大类管控措施的优化组合。第一层次措施集合 $T = \{T_1, T_2, \cdots, T_N\}$ 的使用量: $X = \{X_1, X_2, \cdots, X_N\}$ 即为待优化变量。

第二层次为每个大类的具体措施:

$$T_i = \{T_{i1}, T_{i2}, \cdots, T_{iM}\}$$

当大类管控措施的组合方案确定后,可以在各大类方案的内部,进一步优化治理技术的使用。例如,确定了生活污水处理、畜禽养殖污染处理的管控方案后,可进一步具体选择使用的技术方案。该部分主要涉及工程经济分析,对区域经济社会发展、公众满意度等影响较小。

由于第一层次优化管控影响重大,直接决定了第二层次的技术应用,因此本次研究主要解决第一层次的优化管控问题。

2) 测算模型相关参数

通过资料搜集整理、调查统计等方式,度量各类治理措施(技术)的水生态环境功能区划治理核心指标的治理效果系数,形成治理技术集合 T 的效应矩阵 $\textbf{TS}$。

$$\textbf{TS} = \begin{bmatrix} TS_{11} & \cdots & TS_{1M} \\ \vdots & \vdots & \vdots \\ TS_{N1} & \cdots & TS_{NM} \end{bmatrix}$$

其中, TS_{ij} 表示第 N 种治理措施或技术的第 M 种管理目标的治理效应。

对于非硬性约束类指标,如公众满意度、经济效益等,可以采用间接度量方式,采用环保投诉数量减少,环境生态支付意愿调查,环境治理投入与影响等代理变量进行测量等方式。构建非约束治理效应矩阵。

$$\boldsymbol{TL} = \begin{bmatrix} TL_{11} & \cdots & TL_{1l} \\ \vdots & \vdots & \vdots \\ TL_{N1} & \cdots & TL_{Nl} \end{bmatrix}$$

3)构建优化的约束条件

即管理目标的硬性约束。

$$X \times \boldsymbol{TS} < GOAL_{TS}$$

其中,$GOAL_{TS}$ 由各功能分区的管理目标确定。

根据水生态环境功能区划的管理目标,明确治理技术的约束类指标效应集合:

$$S = \{ S_1, S_2, \cdots, S_N \}$$

主要包括:S_1 水质指标改善效应、S_2 水生态健康提升效应、S_3 COD 减排效应、S_4 氨氮减排效应、S_5 总磷减排效应、S_6 总氮减排效应、S_7 湿地修复面积、S_8 林地保护面积、S_9 物种保护种类等。根据前文分析,压力指标是水生态环境状态、影响和响应的直接因素,并且较容易达到良好治理效果和降低成本。为此,本部分研究的约束条件主要选择入河总量控制类指标作为约束。

4)构建优化的目标函数

效益类目标可以分为两类:

(1)硬性约束类指标:主要指水生态环境区划管理目标。

(2)非硬性约束类指标:例如,治理措施的成本、带来的经济效益、公众满意度等。

一是成本类指标最小化

$$\min X \times C$$

二是经济效益、公众满意度目标最大化

$$\max X \times \boldsymbol{TL}$$

5)构建多目标优化的理论模型

$$\max X \times \boldsymbol{TL}$$

$$\min X \times C$$

$$ST = \begin{cases} X \times \boldsymbol{TS} < GOAL_{TS} \\ X \geqslant 0 \end{cases}$$

3.3.2　水生态环境管控方案的多目标模型构建与求解

3.3.2.1　模型构建

根据各分区水生态环境治理的经验,结合成本效益参数的可获取性,模型构建主要以入河污染总量管控目标为主,优化组合对象为第一层次的大类治理技术,主要包括工业废水处理设施 x_1(万 t/年)、产业结构优化(关停 COD 折算排放量超过 7.6 t/a 的产能落后企业)x_2(个)、养殖结构优化(关停养殖量超过 880 头猪当量的无治理设施的畜禽养殖场)x_3(个)、养殖废水资源化利用 x_4(个)、城镇污水处理能力提升 x_5(万 t/日)、高标准农田建设 x_6(亩＊)、水产养殖低污染尾水组合生态净化 x_7(万亩/年)。

1) 优化目标构建

根据设计的优化方案和参数调查结果,对构建的理论模型进行具体化,其中优化目标为:

(1) 收益目标越大越好

收益为 $-1.5x_1 - 30\ 000x_2 - 30x_3 + 0.087x_4 + 186.15x_5 + 0.04x_6$

(2) 成本目标越小越好

成本为 $2.74x_1 + 140.17x_2 + 30x_3 + 0.3x_4 + 5\ 300x_5 + 0.4x_6 + 66\ 700x_7$

(3) 公众满意度越大越好

公众满意度是水生态环境治理的出发点和落脚点,但是公众满意度具有一定的主观性。为量化研究公众满意度,课题参考了相关文献的研究结论,即公众对污染治理设备设施投入具有更高的满意度,而对结构性调整措施具有一定的容忍度门限,当超过公众心理预期将影响公众满意度。

为此,将公众满意度目标的度量转为如下公式:

满意度:

$$\frac{2.74x_1 + 140.17x_2 + 30x_3 + 0.3x_4 + 5\ 300x_5 + 0.4x_6 + 66\ 700x_7}{30\ 000x_2 + 30x_3}$$

其中分子中的 $2.74x_1 + 140.17x_2 + 30x_3 + 0.3x_4 + 5\ 300x_5 + 0.4x_6 +$

＊　1 亩≈666.667 m²

$66\,700x_7$，代表公众对于环境治理投入的满意度，而分母中的 $30\,000x_2 + 30x_3$ 则表示公众对于结构性调整治理措施负面影响的厌恶程度。

2) 分区治理目标约束条件：

根据区划入河总量控制目标，将

$$X \times \boldsymbol{TS} < GOAL_{TS}$$

约束条件转化为需要削减的目标量，即

（1）COD 总量控制目标约束

$0.8x_1 + 7.640\,765x_2 + 31.729\,54x_3 + 0.034x_4 + 730x_5 > \text{COD 削减目标} \times (1 + 5\%)$

（2）氨氮总量控制目标约束

$0.003\,1x_1 + 0.487\,614x_2 + 0.527\,009x_3 + 0.002\,8x_4 + 73x_5 > \text{氨氮削减目标} \times (1 + 5\%)$

（3）总氮总量控制目标约束

$1.529\,188x_2 + 2.125\,506x_3 + 0.004\,9x_4 + 80x_5 + 0.000\,88x_6 + 4.726\,13x_7 > \text{总氮削减目标} \times (1 + 5\%)$

（4）总磷总量控制目标约束

$0.051\,067x_2 + 0.225\,975x_3 + 0.002\,16x_4 + 8x_5 + 0.000\,88x_6 + 0.434\,54x_7 > \text{总磷削减目标} \times (1 + 5\%)$

（5）治理措施的空间管控约束

为完成分区的空间管控目标，需要对一、二级管控区内的相关企业、种养殖户等进行结构性调整。为此，需要根据管控需求对 x_4、x_5、x_6 代表的治理措施设置相应的最低值，即在建立优化管控模型时，将空间管控目标作为一些具体治理措施的下限约束，约束的具体数值根据分区的实际情况进行设定。

（6）物种保护目标

物种保护与具体的管控措施、技术的应用之间存在一定的依存关系。一方面，为保护分区内的鱼类敏感物种、底栖敏感物种、其他保护物种等，需要采用一定管控措施；另一方面，工业废水处理和生活污水处理设施的选型也会受到物种保护的约束。为此，需要在优化过程中考虑两方面的因素，分别设置 a_1、a_2 两个系数，代表工业废水处理和生活污水处理设施与物种保护的冲突系数，无冲突时选择为 1，有冲突时选择为 0，根据分区实际情况选取。

3) 模型的基本形式：

（1）收益 $-1.5x_1 - 30\,000x_2 - 30x_3 + 0.087x_4 + 186.15x_5 + 0.04x_6$

（2）成本

$2.74x_1 + 140.17x_2 + 30x_3 + 0.3x_4 + 5\ 300x_5 + 0.4x_6 + 66\ 700x_7$

（3）满意度

$$\frac{2.74x_1 + 140.17x_2 + 30x_3 + 0.3x_4 + 5\ 300x_5 + 0.4x_6 + 66\ 700x_7}{30\ 000x_2 + 30x_3}$$

（4）$0.8x_1 + 7.640\ 765x_2 + 31.729\ 54x_3 + 0.034x_4 + 730x_5 > COD$ 削减目标 $\times (1+5\%)$

（5）$0.003\ 1x_1 + 0.487\ 614x_2 + 0.527\ 009x_3 + 0.002\ 8x_4 + 73x_5 >$ 氨氮削减目标 $\times (1+5\%)$

（6）$1.529\ 188x_2 + 2.125\ 506x_3 + 0.004\ 9x_4 + 80x_5 + 0.000\ 88x_6 + 4.726\ 13x_7 >$ 总氮削减目标 $\times (1+5\%)$

（7）$0.051\ 067x_2 + 0.225\ 975x_3 + 0.002\ 16x_4 + 8x_5 + 0.000\ 88x_6 + 0.434\ 54x_7 >$ 总磷削减目标 $\times (1+5\%)$

（8）其他约束条件：采取的措施削减的相应污染物不超过当前污染物实际来源的入河量。

其中包括：工业废水处理设施 x_1（万 t/a）、产业结构优化 x_2（个）、养殖结构优化 x_3（个）、养殖废水资源化利用 x_4（个）、城镇污水处理能力提升 x_5（万 t/d）、高标准农田建设 x_6（亩）、水产养殖低污染尾水组合生态净化 x_7（万亩/a）。

按照削减量目标根据各分区管理目标设定。其中，相关参数取值：

工业废水处理成本按调查数据 2.74 万元/万 t 水，收益为 -1.5 万元/万 t 水；

工业废水 COD（所有行业）削减 0.8 t/万 t 水/年，氨氮削减 0.003 1 t/万 t 水/年；

产业结构优化直接成本 140.17 万元/个，效益 $-30\ 000$ 万元（产值损失）；

产业结构优化 COD 年减排 7.64 t，氨氮 0.49 t，总氮 1.53 t，总磷 0.051 t；

养殖结构优化直接成本 30 万元/个，COD 年减排 31.73 t，氨氮 0.53 t，总氮 2.13 t，总磷 0.23 t；

养殖废水资源化利用 COD 年减排 0.034 t，氨氮 0.002 8 t，总氮 0.004 9 t，总磷 0.002 2 t；

高标准农田总氮和总磷减排在 0.000 88 吨/亩/年；

规模水产养殖低污染尾水组合生态净化总氮和总磷减排 4.73 t/（万亩·年）和 0.43 t/（万亩·年）。

3.3.2.2 模型求解算法

课题研究采用 NSGA-Ⅱ 算法求解模型,该模式是一种快速非支配排序算法。算法的主要流程如下:

1)对种群 P 中的每个解 p:

令 $Sp = \varnothing, np = 0$;

对种群 P 中的每个解 q:

如果 $p < q$,那么:

$Sp = Sp \bigcup \{q\}$;

否则,如果 $q < p$,那么:

$np = np + 1$;

如果 $np = 0$:

$prank = 1$;

$F1 = F1 \bigcup \{p\}$

2)$i = 1$;

当 $Fi = \varnothing$:

$Q = \varnothing$;

对 Fi 中的每个解 p:

对 Sp 中的每个解 q:

$nq = nq + 1$

如果 $nq = 0$:

$qrank = i + 1$;

$Q = Q \bigcup \{q\}$;

$i = i + 1$;

$Fi = Q$

为了维持解分布的多样性,NSGA-Ⅱ 提出了基于拥挤距离的多样性保持策略。对具有相同 Pareto 序的解,首先计算解集中各个解的拥挤距离,然后基于拥挤距离对解集中的解进行排序,并根据拥挤比较算子筛选较优的解进入下一代。

拥挤距离的计算方式如下:

$$d_i = \frac{f_1[i-1] - f_1[i+1]}{f_1^{\max} - f_1^{\min}} + \frac{f_2[i+1] - f_2[i-1]}{f_2^{\max} - f_2^{\min}}$$

其中,i 代表具有相同 Pareto 序的一个解集中的第 i 个解;$f_1[i-1]$ 代表第 $i-1$ 个解的第 1 个目标函数的值;$f_1^{\max}$ 和 $f_1^{\min}$ 分别代表第 1 个目标函数的最大值以及最小值。

　　按照以上求解算法，结合模型的基本形式，课题研究采用 python 语言实现了模型求解方法。如下所示：

```
# Importing required modules
import math
import random
import matplotlib. pyplot as plt

# First function to optimize
def function1(x, y):
    value = (3604 * x) + (115 * y)
    return value

# Second function to optimize
def function2(x, y):
    value = (5300 * x) + (230 * y)
    return value

def constraint1(x, y):
    if (438 * x + 3. 9712 * y) >= 100:
        return True
    return False

def constraint2(x, y):
    if (77. 38 * x + 0. 4088 * y) >= 30:
        return True
    return False

# Function to find index of list
def index_of(a, list2):
    for i in range(0, len(list2)):
        if list2[i] == a:
            return i
    return -1
```

```
# Function to sort by values
def sort_by_values(list1, values):
    sorted_list = []
    while len(sorted_list)! =len(list1):
        if index_of(min(values),values) in list1:
sorted_list. append(index_of(min(values),values))
        values[index_of(min(values),values)] = math. inf
    return sorted_list


# Function to carry out NSGA-II's fast non dominated sort
def fast_non_dominated_sort(values1, values2):
    S = [[] for i in range(0,len(values1))]
    front = [[]]


    n = [0 for i in range(0,len(values1))]
    rank = [0 for i in range(0, len(values1))]
    for p in range(0,len(values1)):
        S[p]=[]
        n[p]=0
        for q in range(0, len(values1)):
            if (values1[p] > values1[q] and values2[p] < values2[q]) or
(values1[p] >= values1[q] and values2[p] < values2[q]) or (values1[p] >
values1[q] and values2[p] <= values2[q]):
                if q not in S[p]:
                    S[p]. append(q)
                elif (values1[q] > values1[p] and values2[q] < values2[p]) or
(values1[q] >= values1[p] and values2[q] < values2[p]) or (values1[q] >
values1[p] and values2[q] <= values2[p]):
                    n[p] = n[p] + 1
        if n[p]==0:
            rank[p] = 0
            if p not in front[0]:
                front[0]. append(p)
```

```
    i = 0
    while front[i] ! = [] :
        Q = []
        for p in front[i]:
            for q in S[p]:
                n[q] = n[q] - 1
                if( n[q]==0):
                    rank[q]=i+1
                    if q not in Q:
                        Q. append(q)
        i = i+1
        front. append(Q)

    del front[len(front)-1]
    return front


# Function to calculate crowding distance
def crowding_distance(values1, values2, front):
    distance = [0 for i in range(0,len(front))]
    sorted1 = sort_by_values(front, values1[:])
    sorted2 = sort_by_values(front, values2[:])
    distance[0] = 4444444444444444
    distance[len(front) - 1] = 4444444444444444
    for k in range(1,len(front)-1):
        distance[k] = distance[k]+ (values1[sorted1[k+1]] - values2
[sorted1[k-1]])/(max(values1)-min(values1))
    for k in range(1,len(front)-1):
        distance[k] = distance[k]+ (values1[sorted2[k+1]] - values2
[sorted2[k-1]])/(max(values2)-min(values2))
    return distance


# Function to carry out the crossover
def crossover(a,b):
```

```
        r=random.random()
        a0 = a[0]    #a_x
        a1 = a[1]    #a_y
        b0 = b[0]    #b_x
        b1 = b[1]    #b_y
        ave_x_plus = (a0+b0)/2
        ave_y_plus = (a1+b1)/2
        ave_x_div = (a0-b0)/2
        ave_y_div = (a1-b1)/2
        if r>0.5:
            return mutation([ave_x_plus, ave_y_plus])
        else:
            return mutation([ave_x_div, ave_y_div])


# Function to carry out the mutation operator
def mutation(solution):
    mutation_prob = random.random()
    if mutation_prob < 1:
        solution[0] = min_x + (max_x - min_x) * random.random()
        solution[1] = min_y + (max_y - min_y) * random.random()
    return (solution[0], solution[1])


# Main program starts here
pop_size = 50
max_gen = 1 000


# Initialization
min_x = 0
max_x = 0.3
min_y = 0
max_y = 10
solution_xy = []
while len(solution_xy) ! = pop_size:
    solution_x = min_x+(max_x-min_x) * random.random()
```

```
solution_y = min_y+(max_y-min_y) * random. random()
    if constraint1(solution_x, solution_y) and constraint2(solution_x,
solution_y):
        solution_xy. append((solution_x, solution_y))


gen_no=0
while(gen_no<max_gen):
    function1_values = [function1(solution_xy[i][0], solution_xy[i][1])for
i in range(0,pop_size)]
    function2_values = [function2(solution_xy[i][0], solution_xy[i][1])for
i in range(0,pop_size)]
    non_dominated_sorted_solution = fast_non_dominated_sort(function1_
values[:],function2_values[:])
    print("The best front for Generation number ",gen_no, " is")
    for values in non_dominated_sorted_solution[0]:
        print((round(solution_xy[values][0],3),round(solution_xy[values]
[1],3)),end=" ")
    print(len(non_dominated_sorted_solution[0]))
    print("\n")
    crowding_distance_values=[]
    for i in range(0,len(non_dominated_sorted_solution)):
        crowding_distance_values. append(crowding_distance(function1_
values[:],function2_values[:],non_dominated_sorted_solution[i][:]))
    solution2 = solution_xy[:]
    #Generating offsprings
    while len(solution2) ! = 2 * pop_size :
        a1 = random. randint(0,pop_size-1)
        b1 = random. randint(0,pop_size-1)
        new_xy = crossover(solution_xy[a1], solution_xy[b1])
        if constraint1(new_xy[0], new_xy[1]) and constraint2(new_xy[0],
new_xy[1]):
            solution2. append(new_xy)
    function1_values2 = [function1(solution2[i][0],solution2[i][1]) for i in
range(0,2 * pop_size)]                #对 solution2 中的元素重新求其函数值
```

```python
        function2_values2 = [function2(solution2[i][0],solution2[i][1]) for i in
range(0,2 * pop_size)]
        non_dominated_sorted_solution2 = fast_non_dominated_sort(function1_
values2[:],function2_values2[:])
        crowding_distance_values2=[]
        for i in range(0,len(non_dominated_sorted_solution2)):
            crowding_distance_values2. append(crowding_distance(function1_
values2[:],function2_values2[:],non_dominated_sorted_solution2[i][:]))
        new_solution= []
        for i in range(0,len(non_dominated_sorted_solution2)):
            non_dominated_sorted_solution2_1 = [index_of(non_dominated_
sorted_solution2[i][j],non_dominated_sorted_solution2[i] ) for j in range(0,
len(non_dominated_sorted_solution2[i]))]
            front22 = sort_by_values(non_dominated_sorted_solution2_1[:],
crowding_distance_values2[i][:])
            front = [non_dominated_sorted_solution2[i][front22[j]] for j in
range(0,len(non_dominated_sorted_solution2[i]))]
            front. reverse()
            for value in front:
                new_solution. append(value)
                if(len(new_solution)==pop_size):
                    break
            if (len(new_solution) == pop_size):
                break
        solution_xy = [solution2[i] for i in new_solution]
        gen_no = gen_no + 1


# Lets plot the final front now
function1 = [i for i in function1_values]
function2 = [j for j in function2_values]
plt. xlabel('Function 1', fontsize=15)
plt. ylabel('Function 2', fontsize=15)
plt. scatter(function1, function2)
plt. show()
```

```
variable1 = []
variable2 = []
for i in range(len(solution_xy)):
    variable1. append(solution_xy[i][0])
    variable2. append(solution_xy[i][1])
plt. xlabel('Variable 1', fontsize=15)
plt. ylabel('Variable 2', fontsize=15)
plt. scatter(variable1, variable2)
plt. show()
```

3.4　总量超标分区的优化管控

本节采用构建的模型和算法,对总量超标分区进行多目标优化管控组合方案求解。依据污染物入河总量不达标场景分析结果,按不同场景分别构建优化模型,以典型分区为例分析优化管控方案生成过程,并按照相同方式对同类型分区进行管控方案优化。

3.4.1　总氮-总磷-COD-氨氮超标分区的优化管控

总氮-总磷-COD-氨氮超标分区共有 Ⅱ-05、Ⅲ-18、Ⅳ-01、Ⅳ-08 和 Ⅳ-09 五个分区,本研究选取 Ⅳ-01 分区作为典型分区来构建模型,详细论述。

3.4.1.1　典型分区 Ⅳ-01 模型构建

分区 Ⅳ-01 位于镇江市区,包括镇江市区大部分区域,2019 年,常住人口达 91.2 万人,人口密度达 2 047 人/km²,生活污染物排放量大,GDP 达 1 401 亿元,驱动力和压力大。可以采用的治理措施主要包括:工业废水处理设施 x_1(万 t/a)、产业结构优化 x_2(个)、养殖结构优化 x_3(个)、养殖废水资源化利用 x_4(个)、城镇污水处理能力提升 x_5(万 t/d)、高标准农田建设 x_6(亩)、规模水产养殖低污染尾水组合生态净化 x_7(万亩/a)。同时根据各类污染源排放量,对治理措施进行约束。

构建模型如下:

$$\max -1.5x_1 - 30\,000x_2 - 30x_3 + 0.087x_4 + 186.15x_5 + 0.04\,x_6$$

$$\min 2.74x_1 + 140.17x_2 + 30x_3 + 0.3x_4 + 5\,300x_5 + 0.4x_6 + 66\,700x_7$$

$$\max \frac{2.74x_1 + 140.17x_2 + 30x_3 + 0.3x_4 + 5\ 300x_5 + 0.4x_6 + 66\ 700x_7}{30\ 000x_2 + 30x_3}$$

s. t.

$x_1 \geqslant 0$

$x_2 \geqslant 0$

$x_3 \geqslant 0$

$x_4 \geqslant 0$

$x_5 \geqslant 0$

$x_6 \geqslant 0$

$x_7 \geqslant 0$

COD 入河总量管控目标达标约束

$0.8x_1 + 7.640\ 765x_2 + 31.729\ 54x_3 + 0.034x_4 + 730x_5 > 4\ 343 \times (1+5\%)$

氨氮入河总量管控目标达标约束

$0.003\ 1x_1 + 0.487\ 614x_2 + 0.527\ 009x_3 + 0.002\ 8x_4 + 73x_5 > 602 \times (1+5\%)$

总氮入河总量管控目标达标约束

$1.529\ 188x_2 + 2.125\ 506x_3 + 0.004\ 9x_4 + 80x_5 + 0.000\ 88x_6 + 4.726\ 13x_7 > 1\ 339 \times (1+5\%)$

总磷入河总量管控目标达标约束

$0.051\ 067x_2 + 0.225\ 975x_3 + 0.002\ 16x_4 + 8x_5 + 0.000\ 88x_6 + 0.434\ 54x_7 > 86 \times (1+5\%)$

氨氮实际入河总量约束

$0.003\ 1x_1 + 0.487\ 614x_2 + 0.527\ 009x_3 + 0.002\ 8x_4 + 73x_5 < 1\ 162$

总氮实际入河总量约束

$1.529\ 188x_2 + 2.125\ 506x_3 + 0.004\ 9x_4 + 80x_5 + 0.000\ 88x_6 + 4.726\ 13x_7 < 2\ 422$

总磷实际入河总量约束

$0.051\ 067x_2 + 0.225\ 975x_3 + 0.002\ 16x_4 + 8x_5 + 0.000\ 88x_6 + 0.434\ 54x_7 < 179$

工业源各污染物实际入河总量约束

$0.8x_1+7.640\ 765x_2<220,0.003\ 1x_1+0.487\ 614x_2<38,1.529\ 188x_2<111,0.051\ 067x_2<10$

生活源各污染物实际入河总量约束

$730x_5<7\ 648,73x_5<1\ 021,80x_5<1\ 735,8x_5<80$

畜禽养殖各污染物实际入河总量约束

$31.729\ 54x_3+0.034x_4<660,0.527\ 009x_3+0.002\ 8x_4<53,$

$2.125\ 506x_3+0.004\ 9x_4<112,0.225\ 975x_3+0.002\ 16x_4<42$

农田各污染物实际入河总量约束

$0.000\ 88x_6<449,0.000\ 88x_6<45$

水产养殖各污染物实际入河总量约束

$4.726\ 13x_7<15,0.434\ 54x_7<3$

3.4.1.2　总氮-总磷-COD-氨氮超标分区管控方案

经过多目标优化算法 2 000 次迭代求解获得 100 组可以满足减排约束条件的组合方案。从以上可行方案中,在达到管控目标的前提下,筛选出成本较低、收益较好、满意度较大的方案作为管控方案,各分区管控方案见表 3.4-1。

表 3.4-1　总氮-总磷-COD-氨氮超标分区多目标最优化管控的可行方案

分区	总磷削减总量(t/a)	总氮削减总量(t/a)	COD 削减总量(t/a)	氨氮削减总量(t/a)	收益(万元)	成本(万元)	满意度
Ⅳ-01	178.57	1 407.79	8 929.40	1 157.13	−871 402.24	350 561.28	70.00
Ⅱ-05	23.25	223.34	830.48	149.45	−588 792.73	13 985.12	70.00
Ⅲ-18	90.89	453.06	3 610.84	339.92	−814 714.80	93 128.28	70.04
Ⅳ-08	102.53	411.62	5 207.48	259.72	−600 160.10	27 446.62	70.01
Ⅳ-09	91.05	242.67	3 135.30	105.23	−116 637.17	17 078.57	70.00

3.4.2　总氮-总磷-COD 超标分区的优化管控

总氮-总磷-COD 超标分区共有 Ⅰ-03、Ⅲ-02 和 Ⅲ-15 三个分区,本研究选取分区 Ⅲ-02 作为典型分区来构建模型,详细论述。

3.4.2.1 典型分区 Ⅲ-02 模型构建

分区 Ⅲ-02 包括丹阳市界牌镇和丹北镇（新桥镇、后巷镇和埤城镇），2019年，常住人口达 16.39 万，GDP 总量 327 亿元，粮食总产量 44 667 t，人口密度 885 人/km²，畜禽养殖业众多，污染物排放量大。可以采用的治理措施主要包括：工业废水处理设施 x_1（万 t/a）、产业结构优化 x_2（个）、养殖结构优化 x_3（个）、养殖废水资源化利用 x_4（个）、城镇污水处理能力提升 x_5（万 t/d）、高标准农田建设 x_6（亩）、规模水产养殖低污染尾水组合生态净化 x_7（万亩/a）。同时根据各类污染源排放量，对治理措施进行约束。

Ⅲ-02 分区多目标最优化管控方案模型：

$$\max -1.5x_1 - 30\,000x_2 - 30x_3 + 0.087x_4 + 186.15x_5 + 0.04\ x_6$$

$$\min 2.74x_1 + 140.17x_2 + 30x_3 + 0.3x_4 + 5\,300x_5 + 0.4x_6 + 66\,700x_7$$

$$\max \frac{2.74x_1 + 140.17x_2 + 30x_3 + 0.3x_4 + 5\,300x_5 + 0.4x_6 + 66\,700x_7}{30\,000x_2 + 30x_3}$$

s. t.

$x_1 \geqslant 0$

$x_2 \geqslant 0$

$x_3 \geqslant 0$

$x_4 \geqslant 0$

$x_5 \geqslant 0$

$x_6 \geqslant 0$

$x_7 \geqslant 0$

COD 入河总量管控目标达标约束

$$0.8x_1 + 7.640\,765x_2 + 31.729\,54x_3 + 0.034x_4 + 730x_5 > 234 \times (1+5\%)$$

氨氮入河总量管控目标达标约束

$$0.003\,1x_1 + 0.487\,614x_2 + 0.527\,009x_3 + 0.002\,8x_4 + 73x_5 > 0$$

总氮入河总量管控目标达标约束

$$1.529\,188x_2 + 2.125\,506x_3 + 0.004\,9x_4 + 80x_5 + 0.000\,88x_6 + 4.726\,13x_7 > 36 \times (1+5\%)$$

总磷入河总量管控目标达标约束

$$0.051\,067x_2 + 0.225\,975x_3 + 0.002\,16x_4 + 8x_5 + 0.000\,88x_6 + 0.434\,54x_7$$

$>33\times(1+5\%)$

工业源各污染物实际入河总量约束

$0.8x_1+7.640\,765x_2<103,0.003\,1x_1+0.487\,614x_2<5,1.529\,188x_2<17,$
$0.051\,067x_2<3$

生活源各污染物实际入河总量约束

$730x_5<1\,220,73x_5<169,80x_5<275,8x_5<11$

畜禽养殖各污染物实际入河总量约束

$31.729\,54x_3+0.034x_4<527,0.527\,009x_3+0.002\,8x_4<43,2.125\,506x_3+$
$0.004\,9x_4<90,0.225\,975x_3+0.002\,16x_4<33$

农田各污染物实际入河总量约束

$0.000\,88x_6<192,0.000\,88x_6<19$

水产养殖各污染物实际入河总量约束

$4.726\,13x_7<15,0.434\,54x_7<3$

3.4.2.2　总氮-总磷-COD 超标分区管控方案

经过多目标优化算法 2 000 次迭代求解获得 100 组可以满足减排约束条件的组合方案。从以上可行方案中,在达到管控目标的前提下,筛选出成本较低、收益较好、满意度较大的方案作为管控方案,分区的管控措施见表 3.4-2。

表 3.4-2　总氮-总磷-COD 超标分区多目标最优化管控的可行方案

分区	总磷削减总量(t/a)	总氮削减总量(t/a)	COD削减总量(t/a)	氨氮削减总量(t/a)	收益(万元)	成本(万元)	满意度
Ⅲ-02	37.94	108.99	880.82	68.32	−190 220.10	9 132.38	70.00
Ⅰ-03	40.79	130.81	732.95	68.01	−104 265.13	12 740.33	70.03
Ⅲ-15	39.24	136.09	1 032.25	0	−127 533.93	11 562.52	70.00

3.4.3　总氮-总磷-氨氮超标分区的优化管控

总氮-总磷-氨氮超标分区仅有分区 Ⅰ-01。

3.4.3.1　分区 Ⅰ-01 模型构建

分区 Ⅰ-01 包含常州市金坛区指前镇、儒林镇、长荡湖、钱资荡、金城镇(南),2019 年该分区常住人口 15.21 万,GDP 总量 256 亿元,粮食总产量 53 258 t,人口密度达 558 人/km²，由生活、农田和畜禽养殖产生的污染物较大。拟采用工业废水处理设施 x_1（万 t/a）、产业结构优化 x_2（个）、养殖结构优化 x_3（个）、养殖废水资源化利用 x_4（个）、城镇污水处理能力提升 x_5（万 t/d）、高标准农田建设 x_6（亩）、规模水产养殖低污染尾水组合生态净化 x_7（万亩/a）。

构建如下所示的 I-01 分区多目标最优化管控方案模型：

$$\max \ -1.5x_1 - 30\,000x_2 - 30x_3 + 0.087x_4 + 186.15x_5 + 0.04\,x_6$$

$$\min \ 2.74x_1 + 140.17x_2 + 30x_3 + 0.3x_4 + 5\,300x_5 + 0.4x_6 + 66\,700x_7$$

$$\max \ \frac{2.74x_1 + 140.17x_2 + 30x_3 + 0.3x_4 + 5\,300x_5 + 0.4x_6 + 66\,700x_7}{30\,000x_2 + 30x_3}$$

s. t.

$$x_1 \geqslant 0$$
$$x_2 \geqslant 0$$
$$x_3 \geqslant 0$$
$$x_4 \geqslant 0$$
$$x_5 \geqslant 0$$
$$x_6 \geqslant 0$$
$$x_7 \geqslant 0$$

COD 入河总量管控目标达标约束

$$0.8x_1 + 7.640\,765x_2 + 31.729\,54x_3 + 0.034x_4 + 730x_5 > 0$$

氨氮入河总量管控目标达标约束

$$0.003\,1x_1 + 0.487\,614x_2 + 0.527\,009x_3 + 0.002\,8x_4 + 73x_5 > 41 \times (1 + 5\%)$$

总氮入河总量管控目标达标约束

$$1.529\,188x_2 + 2.125\,506x_3 + 0.004\,9x_4 + 80x_5 + 0.000\,88x_6 + 4.726\,13x_7 > 121 \times (1 + 5\%)$$

总磷入河总量管控目标达标约束

$$0.051\,067x_2 + 0.225\,975x_3 + 0.002\,16x_4 + 8x_5 + 0.000\,88x_6 + 0.434\,54x_7 > 26 \times (1 + 5\%)$$

工业源各污染物实际入河总量约束

$$0.8x_1 + 7.640\,765x_2 < 83, 0.003\,1x_1 + 0.487\,614x_2 < 6, 1.529\,188x_2 < 12,$$

$0.051\,067x_2 < 1$

生活源各污染物实际入河总量约束

$730x_5 < 764, 73x_5 < 147, 80x_5 < 226, 8x_5 < 4$

畜禽养殖各污染物实际入河总量约束

$31.729\,54x_3 + 0.034x_4 < 754, 0.527\,009x_3 + 0.002\,8x_4 < 61, 2.125\,506x_3 + 0.004\,9x_4 < 128, 0.225\,975x_3 + 0.002\,16x_4 < 48$

农田各污染物实际入河总量约束

$0.000\,88x_6 < 274, 0.000\,88x_6 < 27$

水产养殖各污染物实际入河总量约束

$4.726\,13x_7 < 20, 0.434\,54x_7 < 4$

3.4.3.2　分区 I-01 管控方案

经过多目标优化算法 2 000 次迭代求解获得 100 组可以满足减排约束条件的组合方案，从以上可行方案中，在达到管控目标的前提下，筛选出成本较低、收益较好、满意度较大的方案作为管控方案，其成本为 11 691.49 万元，如表 3.4-3 所示。表中列举了七类措施的四种污染物削减总量，以及对应的效益、成本和公众满意度。

表 3.4-3　I-01 分区多目标最优化管控的可行方案

分区	总磷削减总量(t/a)	总氮削减总量(t/a)	COD削减总量(t/a)	氨氮削减总量(t/a)	收益(万元)	成本(万元)	满意度
I-01	46.28	130.60	1 032.25	81.90	−143 811.44	11 691.49	70.00

3.4.4　总氮-氨氮-COD 超标分区的优化管控

总氮-氨氮-COD 超标分区仅有分区 III-11。

3.4.4.1　分区 III-11 模型构建

分区 III-11 包含宜兴市：宜城街道、新庄街道、芳桥街道、屺亭街道、周铁镇、万石镇、丁蜀镇（北），2019 年该分区常住人口 77.21 万，GDP 总量 891 亿元，粮食总产量 53 258 t，人口密度达 2 210 人/km²，污染物主要由居民生活产生。拟采用工业废水处理设施 x_1（万 t/a）、产业结构优化 x_2（个）、养殖结构优化 x_3（个）、养殖废水资源化利用 x_4（个）、城镇污水处理能力提升 x_5（万 t/d）、高标准农田建设 x_6（亩）、规模水产养殖低污染尾水组合生态净化 x_7（万亩/a）。

构建如下所示的分区 Ⅲ-11 多目标最优化管控方案模型：

$$\max -1.5x_1 - 30\ 000x_2 - 30x_3 + 0.087x_4 + 186.15x_5 + 0.04\ x_6$$

$$\min 2.74x_1 + 140.17x_2 + 30x_3 + 0.3x_4 + 5\ 300x_5 + 0.4x_6 + 66\ 700x_7$$

$$\max \frac{2.74x_1 + 140.17x_2 + 30x_3 + 0.3x_4 + 5\ 300x_5 + 0.4x_6 + 66\ 700x_7}{30\ 000x_2 + 30x_3}$$

s. t.

$x_1 \geqslant 0$

$x_2 \geqslant 0$

$x_3 \geqslant 0$

$x_4 \geqslant 0$

$x_5 \geqslant 0$

$x_6 \geqslant 0$

$x_7 \geqslant 0$

COD 入河总量管控目标达标约束

$$0.8x_1 + 7.640\ 765x_2 + 31.729\ 54x_3 + 0.034x_4 + 730x_5 > 1\ 208 \times (1+5\%)$$

氨氮入河总量管控目标达标约束

$$0.003\ 1x_1 + 0.487\ 614x_2 + 0.527\ 009x_3 + 0.002\ 8x_4 + 73x_5 > 69 \times (1+5\%)$$

总氮入河总量管控目标达标约束

$$1.529\ 188x_2 + 2.125\ 506x_3 + 0.004\ 9x_4 + 80x_5 + 0.000\ 88x_6 + 4.726\ 13x_7$$
$$> 382 \times (1+5\%)$$

COD 实际入河总量约束

$$0.8x_1 + 7.640\ 765x_2 + 31.729\ 54x_3 + 0.034x_4 + 730x_5 < 3\ 576$$

氨氮实际入河总量约束

$$0.003\ 1x_1 + 0.487\ 614x_2 + 0.527\ 009x_3 + 0.002\ 8x_4 + 73x_5 < 407$$

总氮实际入河总量约束

$$1.529\ 188x_2 + 2.125\ 506x_3 + 0.004\ 9x_4 + 80x_5 + 0.000\ 88x_6 + 4.726\ 13x_7$$
$$< 1\ 248$$

总磷实际入河总量约束

$$0.051\,067x_2 + 0.225\,975x_3 + 0.002\,16x_4 + 8x_5 + 0.000\,88x_6 + 0.434\,54x_7 < 75$$

3.4.4.2　分区Ⅲ-11 管控方案

经过多目标优化算法 2 000 次迭代求解获得 100 组可以满足减排约束条件的组合方案，从以上可行方案中，在达到管控目标的前提下，筛选出成本较低、收益较好、满意度较大的方案为管控方案，其成本为 32 239.71 万元，如表 3.4-4 所示。表中列举了七类措施的四种污染物削减总量，以及对应的效益、成本和公众满意度。

表 3.4-4　Ⅲ-11 分区多目标最优化管控的可行方案

分区	总磷削减总量(t/a)	总氮削减总量(t/a)	COD削减总量(t/a)	氨氮削减总量(t/a)	收益(万元)	成本(万元)	满意度
Ⅲ-11	60.31	414.58	3 279.46	309.84	−571 540.70	32 239.71	70.03

3.4.5　总氮-总磷超标分区的优化管控

总氮-总磷超标分区共有Ⅲ-05、Ⅲ-16 和Ⅳ-14 三个分区，本研究选取分区Ⅳ-14 作为典型分区来构建模型，详细论述。

3.4.5.1　典型分区Ⅳ-14 模型构建

分区Ⅳ-14 包括苏州市区大部分区域，2019 年，常住人口达 356.39 万，人口密度高达 4 506 人/km²，生活污染物排放量大。可以采用的治理措施主要包括：工业废水处理设施 x_1（万 t/a）、产业结构优化 x_2（个）、养殖结构优化 x_3（个）、养殖废水资源化利用 x_4（个）、城镇污水处理能力提升 x_5（万 t/a）、高标准农田建设 x_6（亩）、规模水产养殖低污染尾水组合生态净化 x_7（万亩/a）。同时根据各类污染源排放量，对治理措施进行约束。

根据以上的优化目标和约束分析，构建多目标最优化管控方案模型：

$$\max\ -1.5x_1 - 30\,000x_2 - 30x_3 + 0.087x_4 + 186.15x_5 + 0.04\,x_6$$

$$\min\ 2.74x_1 + 140.17x_2 + 30x_3 + 0.3x_4 + 5\,300x_5 + 0.4x_6 + 66\,700x_7$$

$$\max\ \frac{2.74x_1 + 140.17x_2 + 30x_3 + 0.3x_4 + 5\,300x_5 + 0.4x_6 + 66\,700x_7}{30\,000x_2 + 30x_3}$$

s. t.

$$x_1 \geqslant 0$$

$x_2 \geqslant 0$

$x_3 \geqslant 0$

$x_4 \geqslant 0$

$x_5 \geqslant 0$

$x_6 \geqslant 0$

$x_7 \geqslant 0$

总氮入河总量管控目标达标约束

$1.529\,188x_2 + 2.125\,506x_3 + 0.004\,9x_4 + 80x_5 + 0.000\,88x_6 + 4.726\,13x_7 > 1\,034 \times (1 + 5\%)$

总磷入河总量管控目标达标约束

$0.051\,067x_2 + 0.225\,975x_3 + 0.002\,16x_4 + 8x_5 + 0.000\,88x_6 + 0.434\,54x_7 > 167 \times (1 + 5\%)$

工业源各污染物实际入河总量约束

$0.8x_1 + 7.640\,765x_2 < 3\,111, 0.003\,1x_1 + 0.487\,614x_2 < 225, 1.529\,188x_2 < 639, 0.051\,067x_2 < 24$

生活源各污染物实际入河总量约束

$730x_5 < 8\,527, 73x_5 < 1\,801, 80x_5 < 3\,654, 8x_5 < 316$

畜禽养殖各污染物实际入河总量约束

$31.729\,54x_3 + 0.034x_4 < 48, 0.527\,009x_3 + 0.002\,8x_4 < 4,$

$2.125\,506x_3 + 0.004\,9x_4 < 8, 0.225\,975x_3 + 0.002\,16x_4 < 3$

农田各污染物实际入河总量约束

$0.000\,88x_6 < 505, 0.000\,88x_6 < 50$

水产养殖各污染物实际入河总量约束

$4.726\,13x_7 < 21, 0.434\,54x_7 < 5$

3.4.5.2　总氮-总磷超标分区管控方案

经过多目标优化算法 2 000 次迭代求解获得 100 组可以满足减排约束条件的组合方案。从以上可行方案中，在达到管控目标的前提下，筛选出成本较低、收益较好、满意度较大的方案作为管控方案，分区管控措施见表 3.4-5。

表 3.4-5 总氮-总磷超标分区多目标最优化管控的可行方案

分区	总磷削减总量(t/a)	总氮削减总量(t/a)	COD削减总量(t/a)	氨氮削减总量(t/a)	收益(万元)	成本(万元)	满意度
Ⅳ-14	175.49	1 317.41	11 788.51	1 112.69	−2 318 423.35	114 443.51	70.00
Ⅲ-16	89.86	297.09	2 167.94	203.09	−141 497.71	26 775.05	70.15
Ⅲ-05	171.81	507.72	3 983.66	200.86	−524 801.87	59 546.04	70.00

3.4.6 氨氮-总氮超标分区的优化管控

氨氮-总氮超标分区有Ⅲ-06和Ⅳ-02,本研究选取分区Ⅳ-02作为典型分区来构建模型,详细论述。

3.4.6.1 典型分区Ⅳ-02模型构建

分区Ⅳ-02包括常州市区大部分区域,2019年,GDP总量高达3 613亿元,常住人口达227.07万,人口密度高达3 754人/km²,生活污染物排放量大。可以采用的治理措施主要包括:工业废水处理设施 x_1(万 t/a)、产业结构优化 x_2(个)、养殖结构优化 x_3(个)、养殖废水资源化利用 x_4(个)、城镇污水处理能力提升 x_5(万 t/日)、高标准农田建设 x_6(亩)、规模水产养殖低污染尾水组合生态净化 x_7(万亩/a)。同时根据各类污染源排放量,对治理措施进行约束。

根据以上的优化目标和约束分析,构建多目标最优化管控方案模型:

$$\max -1.5x_1 - 30\,000x_2 - 30x_3 + 0.087x_4 + 186.15x_5 + 0.04\,x_6$$

$$\min 2.74x_1 + 140.17x_2 + 30x_3 + 0.3x_4 + 5\,300x_5 + 0.4x_6 + 66\,700x_7$$

$$\max \frac{2.74x_1 + 140.17x_2 + 30x_3 + 0.3x_4 + 5\,300x_5 + 0.4x_6 + 66\,700x_7}{30\,000x_2 + 30x_3}$$

s. t.

$x_1 \geqslant 0$

$x_2 \geqslant 0$

$x_3 \geqslant 0$

$x_4 \geqslant 0$

$x_5 \geqslant 0$

$x_6 \geqslant 0$

$x_7 \geqslant 0$

氨氮入河总量管控目标达标约束

$0.003\ 1x_1 + 0.487\ 614x_2 + 0.527\ 009x_3 + 0.002\ 8x_4 + 73x_5 > 334 \times (1+5\%)$

总氮入河总量管控目标达标约束

$1.529\ 188x_2 + 2.125\ 506x_3 + 0.004\ 9x_4 + 80x_5 + 0.000\ 88x_6 + 4.726\ 13x_7 > 615 \times (1+5\%)$

COD 实际入河总量约束

$0.8x_1 + 7.640\ 765x_2 + 31.729\ 54x_3 + 0.034x_4 + 730x_5 < 13\ 169$

氨氮实际入河总量约束

$0.003\ 1x_1 + 0.487\ 614x_2 + 0.527\ 009x_3 + 0.002\ 8x_4 + 73x_5 < 2\ 396$

总氮实际入河总量约束

$1.529\ 188x_2 + 2.125\ 506x_3 + 0.004\ 9x_4 + 80x_5 + 0.000\ 88x_6 + 4.726\ 13x_7 < 4\ 378$

总磷实际入河总量约束

$0.051\ 067x_2 + 0.225\ 975x_3 + 0.002\ 16x_4 + 8x_5 + 0.000\ 88x_6 + 0.434\ 54x_7 < 135$

3.4.6.2 氨氮-总氮超标分区管控方案

经过多目标优化算法 2 000 次迭代求解获得 100 组可以满足减排约束条件的组合方案。从以上可行方案中,在达到管控目标的前提下,筛选出成本较低、收益较好、满意度较大的方案作为管控方案,分区管控措施见表 3.4-6。

表 3.4-6 氨氮-总氮超标分区多目标最优化管控的可行方案

分区	总磷削减总量(t/a)	总氮削减总量(t/a)	COD 削减总量(t/a)	氨氮削减总量(t/a)	收益(万元)	成本(万元)	满意度
IV-02	96.10	646.65	4 618.32	404.39	−4 697 512.58	52 118.97	70.01
III-06	76.97	252.13	1 829.86	153.31	−170 928.88	12 621.13	70.00

3.4.7 单一总磷超标分区优化管控

单一总磷超标分区共有 II-01、III-01、III-03、III-04 和 IV-12 五个分区,本研究选取分区 IV-12 作为典型分区来构建模型,详细论述。

3.4.7.1 典型分区 IV-12 模型构建

分区 IV-12 包括太仓市的城厢镇、娄东街道、双凤镇和昆山市:巴城镇、花桥镇、陆家镇、玉山镇、周市镇。2019 年，常住人口达 136.2 万，人口密度达 1 776 人/km²，生活污染物排放量大。可以采用的治理措施主要包括：工业废水处理设施 x_1（万 t/a）、产业结构优化 x_2（个）、养殖结构优化 x_3（个）、养殖废水资源化利用 x_4（个）、城镇污水处理能力提升 x_5（万 t/d）、高标准农田建设 x_6（亩）、规模水产养殖低污染尾水组合生态净化 x_7（万亩/a）。

典型分区Ⅳ-12 构建模型如下：

$$\max -1.5x_1 - 30\ 000x_2 - 30x_3 + 0.087x_4 + 186.15x_5 + 0.04x_6$$

$$\min 2.74x_1 + 140.17x_2 + 30x_3 + 0.3x_4 + 5\ 300x_5 + 0.4x_6 + 66\ 700x_7$$

$$\max \frac{2.74x_1 + 140.17x_2 + 30x_3 + 0.3x_4 + 5\ 300x_5 + 0.4x_6 + 66\ 700x_7}{30\ 000x_2 + 30x_3}$$

s. t.

$x_1 \geq 0$
$x_2 \geq 0$
$x_3 \geq 0$
$x_4 \geq 0$
$x_5 \geq 0$
$x_6 \geq 0$
$x_7 \geq 0$

总磷入河总量管控目标达标约束

$0.051\ 067x_2 + 0.225\ 975x_3 + 0.002\ 16x_4 + 8x_5 + 0.000\ 88x_6 + 0.434\ 54x_7 > 19 \times (1 + 5\%)$

工业源各污染物实际入河总量约束

$0.8x_1 + 7.640\ 765x_2 < 1\ 287, 0.003\ 1x_1 + 0.487\ 614x_2 < 76, 1.529\ 188x_2 < 220, 0.051\ 067x_2 < 8$

生活源各污染物实际入河总量约束

$730x_5 < 4\ 623, 73x_5 < 845, 80x_5 < 1\ 550, 8x_5 < 109$

畜禽养殖各污染物实际入河总量约束

$31.729\ 54x_3 + 0.034x_4 < 965, 0.527\ 009x_3 + 0.002\ 8x_4 < 78,$

$2.125\ 506x_3 + 0.004\ 9x_4 < 164, 0.225\ 975x_3 + 0.002\ 16x_4 < 61$

农田各污染物实际入河总量约束

$0.000\,88x_6 < 557, 0.000\,88x_6 < 56$

水产养殖各污染物实际入河总量约束

$4.726\,13x_7 < 29, 0.434\,54x_7 < 6$

3.4.7.2 单一总磷超标分区管控方案

经过多目标优化算法 2 000 次迭代求解获得 100 组可以满足减排约束条件的组合方案。从以上可行方案中,在达到管控目标的前提下,筛选出成本较低、收益较好、满意度较大的方案作为管控方案,分区管控措施见表 3.4-7。

表 3.4-7 单一总磷超标分区多目标最优化管控的可行方案

分区	总磷削减总量(t/a)	总氮削减总量(t/a)	COD 削减总量(t/a)	氨氮削减总量(t/a)	收益(万元)	成本(万元)	满意度
IV-12	36.29	231.52	1 423.23	94.77	−1 038 930.54	19 697.83	70.00
II-01	60.90	239.84	1 900.28	180.27	−223 177.74	29 835.77	70.00
III-01	68.48	250.49	1 890.43	173.08	−11 527.53	23 498.82	70.00
III-03	24.27	167.66	1 588.37	127.84	−142 630.54	6 064.72	70.59
III-04	31.19	94.38	652.55	59.36	−250 666.18	16 615.70	70.00

3.4.8 单一总氮超标分区优化管控

单一总氮超标分区共有 III-08、III-13、IV-04、IV-06 和 IV-11 5 个分区,本研究选取分区 III-13 作为典型分区来构建模型,详细论述。

3.4.8.1 典型分区 III-13 模型构建

分区 III-13 包括无锡市滨湖区的雪浪街道、太湖街道、华庄街道、河埒街道、蠡湖街道、蠡园街道、荣巷街道和新吴区的新安街道、旺庄街道、硕放街道,2019年,常住人口达 95.8 万,人口密度达 4 145 人/km²,生活污染物排放量大。可以采用工业废水处理设施 x_1(万 t/a)、产业结构优化 x_2(个)、养殖结构优化 x_3(个)、养殖废水资源化利用 x_4(个)、城镇污水处理能力提升 x_5(万 t/d)、高标准农田建设 x_6(亩)、规模水产养殖低污染尾水组合生态净化 x_7(万亩/a)。

构建模型如下:

$$\max -1.5x_1 - 30\,000x_2 - 30x_3 + 0.087x_4 + 186.15x_5 + 0.04x_6$$

$$\min 2.74x_1 + 140.17x_2 + 30x_3 + 0.3x_4 + 5\,300x_5 + 0.4x_6 + 66\,700x_7$$

$$\max \frac{2.74x_1 + 140.17x_2 + 30x_3 + 0.3x_4 + 5\ 300x_5 + 0.4x_6 + 66\ 700x_7}{30\ 000x_2 + 30x_3}$$

s. t.

$x_1 \geqslant 0$

$x_2 \geqslant 0$

$x_3 \geqslant 0$

$x_4 \geqslant 0$

$x_5 \geqslant 0$

$x_6 \geqslant 0$

$x_7 \geqslant 0$

总氮入河总量管控目标达标约束

$1.529\ 188x_2 + 2.125\ 506x_3 + 0.004\ 9x_4 + 80x_5 + 0.000\ 88x_6 + 4.726\ 13x_7 > 104 \times (1 + 5\%)$

工业源各污染物实际入河总量约束

$0.8x_1 + 7.640\ 765x_2 < 209, 0.003\ 1x_1 + 0.487\ 614x_2 < 9, 1.529\ 188x_2 < 57,$ $0.051\ 067x_2 < 2$

生活源各污染物实际入河总量约束

$730x_5 < 2\ 799, 73x_5 < 355, 80x_5 < 917, 8x_5 < 32$

畜禽养殖各污染物实际入河总量约束

$31.729\ 54x_3 + 0.034x_4 < 21, 0.527\ 009x_3 + 0.002\ 8x_4 < 2,$

$2.125\ 506x_3 + 0.004\ 9x_4 < 4, 0.225\ 975x_3 + 0.002\ 16x_4 < 1$

农田各污染物实际入河总量约束

$0.000\ 88x_6 < 117, 0.000\ 88x_6 < 12$

3.4.8.2 单一总氮超标分区管控方案

经过多目标优化算法 2 000 次迭代求解获得 100 组可以满足减排约束条件的组合方案。从以上可行方案中,在达到管控目标的前提下,筛选出成本较低、收益较好、满意度较大的方案作为管控方案,分区管控措施见表 3.4-8。

表 3.4-8　单一总氮超标分区多目标最优化管控的可行方案

分区	总磷削减总量(t/a)	总氮削减总量(t/a)	COD削减总量(t/a)	氨氮削减总量(t/a)	收益（万元）	成本（万元）	满意度
Ⅲ-13	25.44	126.86	1 477.84	57.84	−9 596.81	4 870.30	70.00
Ⅲ-08	50.80	312.82	3 201.62	149.32	−184 975.99	11 712.41	70.00
Ⅳ-04	18.52	124.82	1 225.69	104.97	−81 012.96	8 776.38	70.02
Ⅳ-06	81.93	442.63	5 533.80	154.16	−87 507.34	10 824.28	70.00
Ⅳ-11	52.46	153.74	1 261.02	94.29	−206 390.82	5 412.57	70.03

3.5　水质水生态不达标分区优化管控

水质水生态管控措施通常相辅相成,密不可分,水质提升会对水生态健康指数产生积极影响。一般而言,改善河道水质水生态采取的措施统称为河道综合整治工程,其投资额与水质改善呈一定的正相关,如表 3.5-1 所示。

表 3.5-1　水质不达标分区管控措施

水质考核断面优Ⅲ类比例不达标	河道综合整治工程投资额(万元)	优Ⅲ类水质需提升比例(%)
Ⅱ-02	546 278.26	100.00
Ⅱ-05	546 278.26	100.00
Ⅱ-07	546 278.26	100.00
Ⅱ-08	546 278.26	100.00
Ⅱ-09	546 278.26	100.00
Ⅲ-20	546 278.26	100.00
Ⅳ-13	546 278.26	100.00
Ⅰ-01	273 139.13	50.00
Ⅰ-05	273 139.13	50.00
Ⅱ-04	273 139.13	50.00
Ⅲ-06	182 074.54	33.33
Ⅲ-08	182 074.54	33.33
Ⅲ-14	182 074.54	33.33
Ⅳ-11	182 074.54	33.33

续表

水质考核断面优Ⅲ类比例不达标	河道综合整治工程投资额(万元)	优Ⅲ类水质需提升比例(%)
Ⅲ-03	109 255.65	20.00
Ⅲ-13	91 064.59	16.67
Ⅲ-11	49 656.69	9.09
Ⅳ-03	45 504.98	8.33

3.6 空间管控不达标分区优化管控

林地面积占比不达标的有Ⅲ-01、Ⅳ-01、Ⅲ-02、Ⅰ-03、Ⅲ-05、Ⅱ-03、Ⅲ-06、Ⅰ-02、Ⅱ-01、Ⅳ-08和Ⅳ-06,其中Ⅱ-03、Ⅰ-03和Ⅰ-02分区林地面积占比超过30%,但仍然未达标,可以考虑适当降低目标,其他未达标分区应加大植树造林力度,务必使其达到目标设定值;湿地面积占比不达标的有Ⅲ-10、Ⅲ-09、Ⅱ-05、Ⅳ-10、Ⅲ-08、Ⅲ-16、Ⅲ-17、Ⅱ-02、Ⅲ-12、Ⅲ-11、Ⅲ-06、Ⅲ-19、Ⅰ-04、Ⅲ-18、Ⅱ-04、Ⅰ-01、Ⅲ-07、Ⅳ-12、Ⅱ-06、Ⅲ-20、Ⅰ-05、Ⅱ-08、Ⅱ-09和Ⅱ-10,其中非水域分区Ⅲ-17、Ⅱ-04、Ⅰ-04、Ⅰ-01和Ⅲ-10分区的湿地面积占比超过30%,但仍然未达标,可以考虑适当降低目标,其他未达标分区应加大退圩(田)还湖(湿)实施力度,务必使其达到目标设定值;各不达标分区需增加林地面积和湿地面积分别见表3.6-1和表3.6-2。

表 3.6-1 林地不达标分区需增加林地面积

林地面积占比不达标分区	需增加林地面积(km²)
Ⅰ-02	3.69
Ⅰ-03	1.48
Ⅱ-01	2.45
Ⅱ-03	2.92
Ⅲ-01	0.32
Ⅲ-02	1.5
Ⅲ-05	0.15
Ⅲ-06	0.27
Ⅳ-01	3.51

林地面积占比不达标分区	需增加林地面积(km²)
Ⅳ-06	0.04
Ⅳ-08	0.02

表 3.6-2　湿地不达标分区需增加湿地面积

湿地面积占比不达标分区	需增加湿地面积(km²)
Ⅰ-01	1.98
Ⅰ-04	0.55
Ⅰ-05	0.19
Ⅱ-02	0.84
Ⅱ-04	2.73
Ⅱ-05	0.48
Ⅱ-06	0.63
Ⅱ-08	2.86
Ⅱ-09	0.95
Ⅱ-10	1.06
Ⅲ-06	0.17
Ⅲ-07	1.95
Ⅲ-08	0.95
Ⅲ-09	1.51
Ⅲ-10	2.69
Ⅲ-11	1.18
Ⅲ-12	0.16
Ⅲ-16	1.58
Ⅲ-17	4.34
Ⅲ-18	1.61
Ⅲ-19	1.45
Ⅲ-20	1.04
Ⅳ-10	2.14
Ⅳ-12	2.2

第四章

太湖流域水生态环境功能分区管控实施方案

4.1 方案内容

方案内容主要包括四个部分:

第一部分为基础调查,内容为太湖流域水生态环境现状分析,主要包括流域概况、水质现状分析、水生态现状分析。

第二部分为信息分析,主要包括太湖流域水生态环境功能分区的主要问题识别、成因分析与水环境改善限制因子分析。

第三部分为方案制定,主要包括以水质管理、水生态健康、生态红线面积、土地利用类型、物种保护等目标为导向的太湖流域水生态环境功能分区多目标最优化管控方案筛选和管控任务。

第四部分为后续诊断,内容为太湖流域水生态环境功能分区管控方案的实施效果评估、实施保障计划、后续跟踪与动态更新,主要包括效益分析、目标可达性分析、保障措施制定、实施计划制定、水生态环境跟踪监测、管控方案动态更新。

4.2 总体目标

基于《区划》提出的生态管控、空间管控和物种保护三大类管理目标,明确实施方案的总体要求和分阶段目标,实施分级、分区、分类、分期的目标管理,全面保障流域水生态系统健康。

4.2.1 水生态管理目标

水生态管理目标包括水质、水生态健康和总量目标。基于分区内水质、水生态现状、控制单元划分、考核断面目标要求、分区水环境容量计算等确定水生态管理目标。

水质目标:近期年水质目标值结合水质现状、水(环境)功能分区、太湖流域水环境综合治理总体方案、"水十条"考核目标、污染防治攻坚战实施意见等综合确定,水质目标基本依据水(环境)功能分区,并布设相应的水质考核断面。基于江苏省太湖流域水生态环境功能区划和太湖流域水环境综合治理总体方案,制定太湖流域江苏片区水质管控目标。到2030年江苏省内5个生态Ⅰ级区水质优Ⅲ类考核断面比例达到90%,10个生态Ⅱ级区水质优Ⅲ类考核断面比例达到85%,20个生态Ⅲ级区水质优Ⅲ类考核断面比例达到80%,14个生态Ⅳ级区水质优Ⅲ类考核断面比例达到50%。

水生态健康指数:水生态健康指数为综合评价指数,由藻类、底栖生物、水质、富营养指数等组成,并依据代表性原则,优化布设水生态监测断面。基于江苏省太湖流域水生态环境功能区划制定2030年太湖流域江苏片区水生态管控目标,到2030年江苏省内生态Ⅰ级区水生态健康指数达到良(≥0.70),生态Ⅱ级区水生态健康指数达到良/中(≥0.55),生态Ⅲ级区水生态健康指数达到中(≥0.47),生态Ⅳ级区水生态健康指数达到中/一般(≥0.40)。

总量控制目标:污染物排放现状总量是依据纳入环保部门环境统计的工业污染源、生活污染源以及种植业、养殖业污染源等进行核算;2030年总量目标在《区划》总量控制目标基础上按化学需氧量、氨氮、总磷、总氮削减5.0%来制订。

表4.2-1 水质、水生态分级管控目标

分级区	水质考核断面优Ⅲ类比例(2030年)	水生态健康指数(2030年)
生态Ⅰ级区	90%	良(≥0.70)
生态Ⅱ级区	85%	良/中(≥0.70)
生态Ⅲ级区	80%	中(≥0.70)
生态Ⅳ级区	50%	良(≥0.70)

注:2030年水质考核断面目标源于《江苏省地表水(环境)功能区划》2020年目标。

4.2.2 空间管控目标

空间管控目标包括生态红线、湿地、林地管控目标,主要根据江苏省生态红线保护规划、各分区现状土地利用遥感影像解译成果等确定,确保生态空间屏障不下降,生态功能不退化。空间管控目标参照《区划》目标要求。

表 4.2-2　分级空间管控目标

分级区	生态红线面积比例	生态红线/流域面积比例	湿地＋林地面积比例
生态Ⅰ级区	69%	7.4%	68.0%
生态Ⅱ级区	63%	11.5%	61.8%
生态Ⅲ级区	21%	8.7%	28.4%
生态Ⅳ级区	8%	2.5%	15.5%

注:生态红线区域范围统计依据《江苏省生态红线区域保护区划》。

4.2.3　物种保护目标

物种保护目标主要根据流域珍稀濒危物种分布,不同水质、水生态系统的特有种与敏感指示物种等研究成果确定,物种保护目标参照《区划》目标要求,物种保护目标主要为底栖动物、鱼类等珍稀濒危物种、特有种和敏感指示物种等,保障水生生物资源再生和珍稀物种恢复。

4.3　水环境改善限制因子识别

太湖流域水生态环境功能分区工业污染限制因子、农业污染限制因子、生活污染限制因子、水质水生态管控限制因子、空间管控限制因子和物种保护限制因子分布图见图 4.3-1 至图 4.3-7。

存在轻度工业污染限制因子的分区有Ⅲ-15,分布在苏州常熟市;目前无重度工业污染限制因子。

存在农业污染限制因子的分区主要集中在太湖流域西部和东部,其中存在农田污染轻度限制因子的分区有Ⅰ-01、Ⅰ-03、Ⅲ-05、Ⅲ-06、Ⅲ-15、Ⅲ-18、Ⅳ-08 和Ⅳ-09,位于常州金坛区、溧阳市,无锡宜兴市,镇江丹阳市,苏州吴中区、常熟市、张家港市等地;存在农田污染重度限制因子的分区有Ⅲ-02、Ⅲ-16、Ⅳ-01,位于镇江市区、丹阳市和苏州常熟市等地。存在轻度畜禽养殖污染限制因子的分区有Ⅰ-01、Ⅱ-01、Ⅲ-01、Ⅲ-03、Ⅲ-04 和Ⅳ-12,位于常州金坛区、新北区,镇江句容市、丹阳市,苏州太仓市、昆山市;存在重度畜禽养殖污染限制因子的分区有Ⅲ-02,位于镇江丹阳市。存在水产养殖污染轻度限制因子的分区有Ⅰ-03,位于无锡宜兴市;无水产养殖污染重度限制因子。

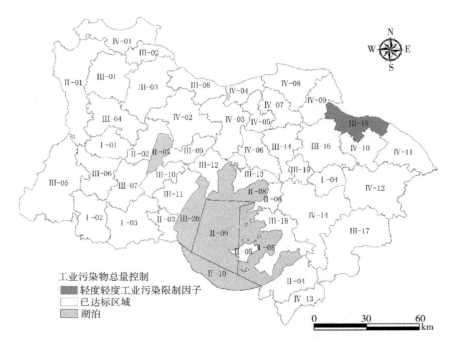

图 4.3-1　工业污染限制因子分布图

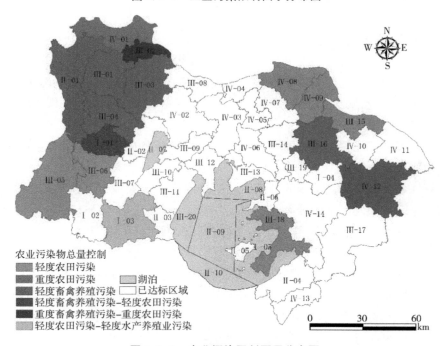

图 4.3-2　农业污染限制因子分布图

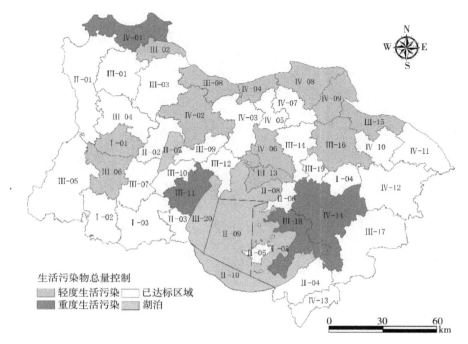

图 4.3-3　生活污染限制因子分布图

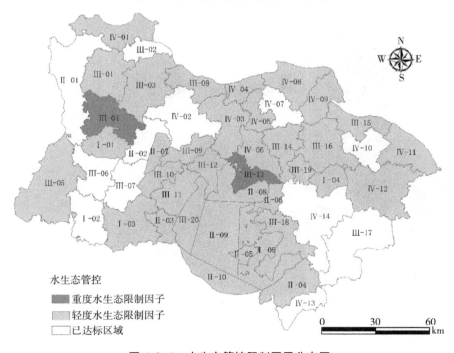

图 4.3-4　水生态管控限制因子分布图

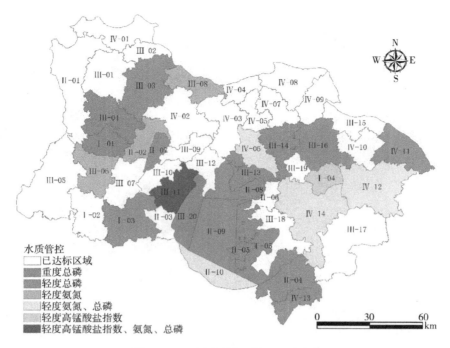

图 4.3-5　水质管控限制因子分布图

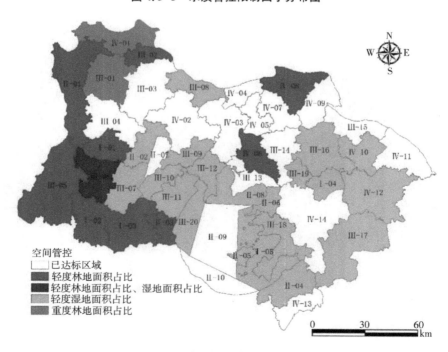

图 4.3-6　空间管控限制因子分布图

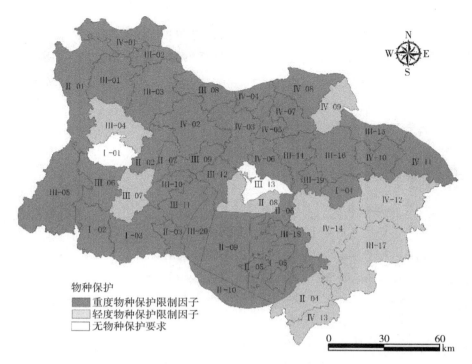

图 4.3-7　物种保护限制因子分布图

存在轻度生活污染限制因子的分区有Ⅰ-01、Ⅲ-02、Ⅲ-06、Ⅲ-08、Ⅲ-13、Ⅲ-15、Ⅲ-16、Ⅳ-02、Ⅳ-04、Ⅳ-06、Ⅳ-08 和Ⅳ-09,位于太湖流域北部和西部;生活污染治理需求较重的分区有Ⅱ-05、Ⅲ-11、Ⅲ-18、Ⅳ-01 和Ⅳ-14,位于太湖东岸和西岸地区。

水质水生态管控方面,存在水生态限制因子的分区有Ⅲ-05、Ⅳ-01、Ⅱ-03、Ⅲ-01、Ⅲ-03 等 35 个分区,太湖流域普遍存在水生态健康问题,常州金坛市、无锡市部分地域内水生态问题较为严重,Ⅲ-04 和Ⅲ-13 分区存在重度水生态限制因子。存在轻度水质限制因子的分区有Ⅰ-04、Ⅰ-05、Ⅱ-04、Ⅱ-05、Ⅱ-08、Ⅱ-09分区等 19 个分区;存在重度水质限制因子的分区有Ⅲ-04、Ⅰ-01、Ⅱ-02、Ⅱ-07、Ⅲ-20、Ⅳ-06,主要集中在太湖流域西北部和太湖西岸等地,总磷是主要的限制因子。

空间管控方面,存在林地占比限制因子的分区有Ⅲ-01、Ⅳ-01、Ⅲ-02、Ⅰ-03、Ⅲ-05、Ⅱ-03、Ⅲ-06、Ⅰ-02、Ⅱ-01、Ⅳ-08 和Ⅳ-06 等 11 个分区,主要分布在太湖流域东部。存在湿地占比限制因子的分区有Ⅲ-10、Ⅲ-09、Ⅱ-05、Ⅳ-10、Ⅲ-08、Ⅲ-16、Ⅲ-17、Ⅱ-02、Ⅲ-12、Ⅲ-11 等 22 个分区,主要分布在太湖流域中部和东南部。

物种保护方面,所有分区均存在物种保护限制因子,只有Ⅲ-03、Ⅲ-20、Ⅱ-09、Ⅳ-06、Ⅳ-07、Ⅱ-08等少数分区监测到背角无齿蚌、河蚬等水生动物,主要分布在太湖流域东岸。

4.4 主要管控任务

4.4.1 总量控制管控任务

4.4.1.1 工业污染管控

（一）制定分区工业企业污染负面清单

针对存在工业污染治理需求的分区,制定分区工业企业污染负面清单,核算分区内水资源和水环境承载能力,明确相关企业具体减排要求。加强企业排污监管,提高环保执法力度,严格执行重点排污企业环境信息强制公开制度,对污染排放量严重超标的企业限期整改,淘汰落后产能。严格执行排污许可证制度,将所有污染物排放种类、浓度、总量、排放去向、污染防治设施建设和运营情况等纳入许可证管理范围,禁止无证排污或不按许可证规定排污。

（二）加强区域内工业点源污染防治和节水工程建设

制定并实施污染物削减管控方案,严格执行太湖流域各水生态功能分区的工业管控政策,持续强化区域内工业点源污染防治。大力推进纺织、化工、造纸、食品（啤酒、味精）、钢铁等重点行业企业废水深度治理,针对污染排放量重点行业的排污特点,筛选合适的污水处理技术和设备,严格执行《太湖地区城镇污水处理厂及重点工业行业主要水污染物排放限值》(DB32/1072—2018)（以下简称《排放限值》)要求。深入推进工业企业工业水循环利用和工业废水资源化利用,针对耗水量大的企业,鼓励建设中水回用设施,推行尾水再利用。

引导现有直排工业企业入驻工业集聚区,全面推行工业集聚区企业废水和水污染物纳管总量双控制度,全面推进排查工业园区污水管网排查整治和污水收集处理设施建设,加快实施管网混接、错接、破损修复改造,提高工业废水集中处理能力。重点行业企业工业废水实行"分类收集、分质处理、一企一管、明管输送、实时监测",集聚区内企业废水必须经预处理达到集中处理要求后,方可进入污水集中处理设施。全面完成工业园区污水处理厂和企业污水处理厂提标改造,保证出水满足《排放限值》要求。积极推进"绿岛"建设试点,建设环保公共基础设施,实现污染物统一收集、集中治理、稳定达标排放,解决中小企业治污难题。

存在轻度工业污染限制因子的分区有Ⅲ-15,分布在苏州常熟市;主要工业行业为有机化学原料制造、化纤织物染整精加工、化纤织造加工、纸制造业等,应制定分区内工业企业污染负面清单,明确相关企业具体减排要求,加强工业点源污染整治和提高工业园区废水集中处理能力,筛选合适的污水处理技术和设备,完成工业污染化学需氧量削减 151.8 t/a,氨氮削减 9.63 t/a,总氮削减 151.85 t/a,总磷削减 30.2 t/a。

（三）加强工业行业源头治理

构建市场导向的绿色产业技术创新体系,着力推动企业生产设备技术升级改造和行业清洁生产技术突破,引导相关科研项目成果转化,在不影响产能前提下提升环保标准,构建绿色推荐技术和绿色产业名录,形成一批绿色技术创新企业。引导工业聚集区尤其是耗水量大的企业新建中水回用设施,推行尾水循环再利用。通过淘汰落后产能和提高准入门槛等手段倒逼产业转型升级,调整发展规划和产业结构,推进中小企业清洁生产水平提升。到 2030 年,国家级、省级园区（开发区）基本完成循环化改造,企业完成清洁生产技术改造,有条件的乡镇工业集中区也应积极推进,提升中小企业清洁生产水平。积极探索区域内产业结构和空间配置优化组合方案,加快产业及产业链整合发展,建立区域产业关联循环体系。

（四）完善对太湖流域工业行业污染排放政策标准体系建设

根据太湖流域水质目标、主体功能区划、生态红线区域保护规划要求,严格环境准入,分区域、分流域制定并实施差别化环境准入政策,提高高耗水、高污染行业准入门槛,依法严格管理各类涉及氮磷污染物排放的建设项目,建设项目主要污染物排放总量实行严格的等量或减量置换。

构建激励与约束并重的现代环境治理机制。在绩效考核的基础上建立以水环境功能分区为单位的责任追究制度。建立健全以排污许可证和生态环境损害赔偿制度为核心的污染源环境管理体系。建立健全绿色产业认证机制和激励机制。

4.4.1.2　农业面源污染管控

（一）积极推进农田源头治理

积极推进农田源头治理。围绕农业供给侧结构性改革,以合理种植结构为抓手,改变过去施化肥、打农药、单纯追求产量增长的生产方式,推动"肥药两制"

改革,因地制宜地发展种养结合的生态循环农业,推进有机肥替代化肥、病虫害绿色防控替代化学防治,鼓励生产生态、绿色、健康的农产品。推行科学农业生产技术,开展测土配方施肥,精准施肥、节水灌溉技术等,积极推广稻绿轮作、冬耕晒垡等轮作休耕技术和模式。开展高标准基本农田生态化改造建设,探索推进排灌系统生态化改造,重点建设农田沟渠生态改造、农业生态水循环、农田农村结合部环境提升、田间生态林网等工程。积极建立适合太湖流域的农业面源污染防治生态补偿机制,引导农民清洁生产,使用先进的施肥、节水等技术和建设高标准基本农田,对其给予一定的财政补贴。到 2025 年,实现太湖流域"肥药两制"改革全覆盖,太湖流域五市化肥施用总量实现持续性负增长,有机肥替代化肥比例达 25%以上,病虫害绿色防控覆盖率达 75%以上,测土配方施肥,精准施肥、节水灌溉技术推广覆盖率达 90%以上;2022 年高标准农田覆盖率达 90%以上,2030 年高标准农田全覆盖。

(二)加强农田面源污染防治

在距离河湖 500 m 以内的农田区域,建立生态拦截系统,一是农田内部的氮磷拦截,如采用稻田生态田埂、生态拦截缓冲带、生物篱、设施菜地增设填闲作物、果园生草等技术;二是氮磷入河拦截阻断,包括生态拦截沟渠技术、生态护岸边坡技术等,对农田排水、地表径流实行收集、净化处理,增加还田利用率。

农田面源治理需求较轻的分区有 Ⅰ-01、Ⅰ-03、Ⅲ-05、Ⅲ-06、Ⅲ-15、Ⅲ-18、Ⅳ-08 和 Ⅳ-09,位于常州金坛区、溧阳市,无锡宜兴市,镇江丹阳市,苏州吴中区、常熟市、张家港市等地,目前种植业主要以水稻、油菜、设施蔬菜、特色果茶等为主体,实施重点管控,在距离河湖 500 m 以内的区域,建立生态拦截系统。农田面源治理需求较重的分区有 Ⅲ-02、Ⅲ-16 和 Ⅳ-01,位于镇江市区、丹阳市和苏州常熟市等地,实行全面管理,在距离河湖 500 m 以内的区域,禁止开发,建立生态拦截系统;在对距离河湖 500 m 以外的区域实施化肥农药减量措施和推广生态农业的同时,开展清洁小流域建设,加强农田污染治理,因地制宜构建生态调蓄沟渠塘等生物、工程措施。总量控制不达标分区建设高标准农田 75 万亩以上。

4.4.1.3 畜禽养殖污染管控

(一)加强畜禽养殖污染防治

加快养殖场废弃物集中收运处理体系建设。规模化畜禽养殖场和有条件的非规模化必须配备完善的畜禽粪污收集、处理和资源利用配套设施,确保稳定的综合利用途径和消纳场地,畜禽粪污得到全面有效控制,推动养殖与加工、生活的联合控制,做到物质养分循环、食物链循环。非规模畜禽养殖场(户),设施配备应做到"一分离，二配套"，建设雨污分离、干湿分离、堆粪场、粪污储存池等设施，确保稳定的综合利用途径和消纳场地。对于非规模畜禽养殖场（户）较集中的村镇，加强统一规划建设，形成以畜禽粪污收集处理中心、沼液配送服务站等为中心的集中收运处理体系。到 2025 年畜禽养殖规模化率和畜禽粪污综合利用率分别达到 85% 和 95%，到 2030 年分别稳定在 85% 以上和 95% 以上。

推广发展标准化规模生态健康养殖，持续有效推进场区布局合理化、设备设施现代化、养殖工艺清洁化、养殖规模科学化等标准化生产技术推广，实行源头减量、过程控制、末端利用的污染防控模式，不断提升畜禽养殖自动化、智能化、生态化水平。此外，进一步完善生态健康养殖标准体系。到 2022 年，太湖流域累计建设 710 个畜禽生态健康养殖场，到 2030 年，基本实现标准化规模生态健康养殖全覆盖。

（二）强化环境监管

环境监管方面，将规模以上畜禽养殖场纳入重点污染源管理，对年出栏生猪 5 000 头（其他畜禽种类折合猪的养殖规模）以上和涉及环境敏感区的畜禽养殖场（小区）执行环评报告书制度，其他畜禽规模养殖场执行环境影响登记表制度，对设有排污口的畜禽规模养殖场实施排污许可制度。

推动畜禽养殖场配备视频监控设施，记录粪污处理、运输和资源化利用等情况，防止粪污偷运偷排。完善畜禽规模养殖场直联直报信息系统，构建统一管理、分级使用、共享直联的管理平台。

畜禽养殖治理需求较轻的分区有 I-01、II-01、III-01、III-03、III-04 和 IV-12，位于常州金坛市、新北区、镇江句容市、丹阳市、苏州太仓市、昆山市等地，控制养殖总量，重点监管规模以上畜禽养殖场，加快发展标准化规模生态养殖，所有规模养殖场粪污处理设施装备配套率达 98% 以上；加强距离河湖 5 km 以内的规模以下畜禽养殖场管控，禁止污染直排，畜禽粪污收运体系建成率达 100%。畜禽养殖治理需求较重的分区有 III-02，位于镇江丹阳市。制定畜禽养殖污染削减方案，明确畜禽养殖污染削减目标，严格控制养殖总量，加强畜禽粪污资源化利用，规模化养殖和非规模化养殖两手并抓，着力提升畜禽粪污综合利用率和规模养殖场粪污处理设施装备配套率，完善规模以下养殖场废弃物集中收运处理体系建设，及时关停并整治畜禽养殖污染治理不达标的养殖场。

4.4.1.4　水产养殖污染管控

按照有关法律法规和技术标准要求，留足河道、湖泊和滨海地带的管理和保护范围，非法挤占的应限期退出，保证生物栖息地、鱼类洄游通道、重要湿地等生态空间。科学确定养殖规模和密度，合理投放饲料、使用药物，优化养殖模式，积极推进标准化生态鱼池建设，积极发展工厂化循环水养殖、池塘工程化循环水养殖、连片池塘尾水集中处理模式等健康养殖方式,推进稻渔综合种养等生态循环农业。严控河流、近岸海域投饵网箱养殖。严格执行最新出台的池塘养殖尾水排放标准,规范养殖尾水排放口设置,严控池塘水产养殖废水集中排放,推动养殖尾水生态化处理设施建设。

水产养殖治理需求较轻的分区有 I-03,位于宜兴市,需完成水产养殖污染总氮削减 23.06 t/a,总磷削减 2.12 t/a,重点管控养殖尾水排放,增强尾水净化设施建设,采用高密度水产养殖水循环利用技术、规模水产养殖低污染尾水组合生态净化技术等方式。

4.4.1.5　生活污染管控

（一）实现城镇生活污水全收集、全处理

全面推进太湖流域区域城镇污水处理设施建设,建制镇污水处理设施实现全覆盖,城镇污水基本实现全收集、全处理,严格执行《排放限值》。加强污水收集管网配套建设。全面排查太湖流域污水管网空白区,消除直排区,加快完成现有合流制排水系统改造,深入开展管网提质增效,实施污水直排、雨污混接、管网漏损排查和改造,加强城镇排水与污水收集管网的日常养护,有效降低管网漏损。到 2025 年,基本消除污水管网空白区和污水直排区,城市污水集中收集率达 80% 以上,基本实现城市污水"零直排"。

新建城镇污水集中处理设施应当同步配套建设除磷脱氮深度处理设施;已建的城镇污水集中处理设施应当限期完成除磷脱氮提标改造,有力推进生态缓冲区建设,因地制宜建设再生水利用设施以及尾水生态净化工程。推进初期雨水收集处理和雨水利用,提高雨水滞渗、调蓄和净化能力,削减城市面源污染。到 2025 年,流域范围内超过 50% 的污水处理厂配备尾水生态净化设施。

（二）推进农村生活污水治理

设区的市、县（区）人民政府应当根据农村不同区位条件、村庄人口聚集程度、污水产生规模等,科学确定农村生活污水管网收集方式和处理模式。距离城镇污水管网较近的农村社区和城镇周边村庄,可以就近接入城镇污水收集处理设施;距离管网较远、人口密集的村庄,可以建设人工湿地、生物滤池等农村生活污水集中处理设施;居住偏远分散、人口较少的村庄,可以采取生活污水净化槽、生物塘等分散处理的方式,鼓励建设农村小型污水处理设施和开展农村厕所改造有效衔接。逐步推进农村生活污水处理设施全覆盖,加强已建设施长效运营管理。到 2025 年,太湖流域水生态功能分区村庄生活污水治理覆盖率达 90% 以上,建立健全农村生活污水设施长效运维管理机制。

污染治理需求较轻的分区有 I-01、IV-04、IV-06、IV-08 和 IV-09 等 12 个分区,主要位于太湖流域北部和西部,应加强污水收集管网建设,配套与需求相适应的污水处理厂；污染治理需求较重的分区有Ⅱ-05、Ⅲ-11、Ⅲ-18、Ⅳ-01和Ⅳ-14，主要位于太湖东岸和西岸地区，在提升城镇污水处理能力的同时，加强尾水深度处理，有力推进生态缓冲区建设，因地制宜建设再生水利用设施以及尾水生态净化工程。总量控制不达标分区须提升城镇污水处理能力67.49万t/d。

4.4.2　水质水生态管控任务

4.4.2.1　聚焦太湖流域水环境综合整治

在严格控制太湖流域污染总量的基础上，全面推动流域水环境综合治理。对水质不达标分区根据水体污染程度、污染原因和整治阶段目标制定本分区水域水质达标方案，在控源截污、水质净化、内源治理三方面协同管控，对不同生境类型有针对性地选择适用的技术方法及修复途径。断面水质不达标分区有Ⅰ-03、Ⅰ-04、Ⅰ-05、Ⅱ-04、Ⅱ-05、Ⅱ-08等25个分区。

Ⅲ-04、Ⅰ-01、Ⅱ-02等分区，部分河湖水体控制断面水质类别为Ⅴ类，污染程度较重，生态环境条件较差。强化污染源头治理和系统治理，在严格工业污染、生活污染、农业污染的输入与控制的基础上，基于小尺度深入分析河湖水体生境类型，因地制宜实施湖滨生态缓冲带、前置库、生态护坡等氮磷生态拦截工程。采取曝气、生态浮岛、提升水动力等净化措施，对于主要超标因子为总磷、氨氮的水体，采用生态浮岛、沉水植被构建等方式；对于主要超标因子为高锰酸盐指数的水体，采用生物膜、微生物与水生植物协同处理等方式。

Ⅱ-09、Ⅱ-10、Ⅲ-03、Ⅲ-06等分区，部分河湖水体控制断面水质类别为Ⅳ类，污染程度相对较轻。构建生态护坡或生态缓冲带，严格限制氮磷的排入；开展河道生态化治理，利用人工湿地旁路净化、水生植物群落重建及多样性恢复等技术和手段，恢复和保持河道的自然净化和修复功能，推动水生生物多样性保护。

对其他水质、水生态现状达标的分区，保护生态环境治理成果，采取风险防范措施，核定水体纳污能力，加强排污口管理。重点关注望虞河、漕桥河等15条主要入湖河道，扎实推进流域防护林体系和生态景观林建设，打造太湖上游清水走廊，严格限制主要入湖河道氮磷的排入，建设河口的湖滨湿地，形成生态缓冲带，有效阻止污水直接入湖，为主要入湖河流水质改善创造有利条件。

对生态系统严重受损的太湖西部湖区大浦口、竺山湖、梅梁湖和贡湖等重要水域，实施生态缓冲区工程降低入湖负荷，开展生态化堤岸改造，进一步提升太湖流域蓝藻防控水平，实行"离岸处置、全面清淤、近岸应急"，沿岸500米范围常态化清淤机制，岸线全部设挡藻围隔、实行蓝藻离岸处置，应急防控定期打捞蓝藻，配套蓝藻监测预警体系，实现湖泛精准预测。对水质状况较好的太湖东部湖区构建水生植物群落，采用生物操纵技术重建水体生态系统，逐步促进水生生物多样性和生态系统恢复。

4.4.2.2 加大湿地资源保护和生态修复力度

在水质达标的基础上关注水生态质量,开展水生态修复工程,采用鱼类结构调控技术、生物操纵、水生生物群落构建等生态系统调控技术,提高水生物种多样性,促进水生态系统的恢复和重建。加大流域湿地资源保护和生态修复力度,建立生态修复行为负面清单,制定水生生物多样性保护方案,提高水生生物多样性。坚持工程建设与长效管理两手抓。完善现有太湖流域水生态环境质量监控网络,逐步实现水生态环境质量信息共享。太湖流域水生态环境功能分区水体实现100%水质达标和水生态质量明显改善。水生态健康指数不达标分区有Ⅲ-05、Ⅳ-01、Ⅱ-01、Ⅲ-01、Ⅲ-02等35个分区,太湖西部湖体水生态健康受损严重,太湖流域普遍存在水生态问题,苏州、常州区域内水生态问题较为严重。

4.4.2.3 提升水源涵养能力

针对49个分区中的水源涵养功能区,严格重要水源涵养区管制,强化水源涵养区的保护和修复。在太湖上游宜溧山区、苕溪区域等重要水源涵养区域退耕还林还草,加强防护林建设,全面保障源头清水。

4.4.3 空间目标管控任务

4.4.3.1 生态红线目标管控

一级管控区是生态红线的核心,实行最严格的管控措施,严禁一切形式的开发建设活动;二级管控区以生态保护为重点,实行差别化的管控措施,严禁有损主导生态功能的开发建设活动,且作为近、远期重点考核指标。

（一）加强生态红线区域开发建设活动管控

在太湖流域一、二、三级保护区,禁止新建、改建、扩建化学制浆造纸、制革、酿造、染料、印染、电镀以及其他排放含磷、氮空间布局等污染物的企业和项目,城镇污水集中处理等环境基础设施项目和《江苏省太湖水污染防治条例》第四十六条规定的情形除外。在太湖流域一级保护区,禁止新建、扩建向水体排放污染物的建设项目,禁止新建、扩建畜禽养殖场,禁止新建、扩建高尔夫球约束场、水上游乐等开发项目以及设置水上餐饮经营设施。在太湖流域二级保护区,禁止新建、扩建化工、医药生产项目,禁止新建、扩建污水集中处理设施排污口以外的排污口。

（二）保障和维护生态红线区域生态功能

按照《江苏省政府关于印发江苏省国家级生态保护红线规划的通知》（苏政发〔2018〕74号）要求,以改善生态环境质量为核心,以保障和维护生态功能为主线,统筹山水林田湖草一体化保护和修复,严守生态保护红线,满足生态红线区域的分级管理要求和保障措施要求,加强生态红线准入环境管理,确保各级各类生态红线区域保护面积稳定,区域内不得发生侵占、破坏生态红线区域内土地的行为。区域内禁止非法排放污染物行为,不得发生盗伐滥伐林木、猎捕采伐、破坏珍惜濒危和受保护物种的行为。切实推进各项管控措施,积极推进生态红线区域内生态修复、生态保护优秀工程建设。

4.4.3.2　土地利用目标管控

（一）实施山水林田湖生态保护和修复工程

以生态空间屏障不下降,生态功能不退化为目标,积极开展山水林田湖草系统治理。全面推行林长制,保障林地面积不减少。对于林地面积占比相对不足的分区,要积极选择耐水吸污能力强、净化隔污效果好的植物,科学造林、合理配置、乔灌草结合,大力开展生态防护林建设,完成《区划》中规定的林地面积占比目标;对于林地面积占比严重不足的分区应当加大造林工程投入力度,提高流域森林覆盖率和森林质量,分阶段实现《区划》中规定的林地面积占比目标。林地面积占比不达标的有Ⅲ-01、Ⅳ-01、Ⅲ-02、Ⅰ-03、Ⅲ-05、Ⅱ-03、Ⅲ-06、Ⅰ-02、Ⅱ-01、Ⅳ-08 和Ⅳ-06等分区,需增加林地面积至 16.35 km²。

组织开展湖泊、水库、湿地保护与修复,维护水体的生态功能。对于湿地面积占比相对不足的分区,针对退化湿地实施保护和修复措施,整合湿地、水网等自然要素,因地制宜建设生态安全缓冲区和生态隔离带,采取人工湿地、水源涵养林、沿河沿湖植被缓冲带和隔离带等生态环境治理与保护措施,提高水环境承载能力。选择湖滨湿地植被带保存较完整、重要水产资源或水生植物集中分布区,建立湿地公园、湿地保护区、水产种质资源保护区,重点恢复环太湖约 100 米的湖滨湿地植物带,探索环太湖绿色廊道建设。对于湿地面积占比严重不足的分区,应当加大湿地保护和恢复投入力度,逐步扩大退耕还湿、退渔还湿范围,扩大湿地面积,分阶段实现《区划》中规定的湿地面积占比目标。湿地面积占比不达标的有Ⅲ-10、Ⅲ-09、Ⅱ-05、Ⅳ-10、Ⅲ-08、Ⅲ-16、Ⅲ-17、Ⅱ-02、Ⅲ-12、Ⅲ-11、Ⅲ-06、Ⅲ-19、Ⅰ-04、Ⅲ-18、Ⅱ-04、Ⅰ-01、Ⅲ-07、Ⅳ-12、Ⅱ-06、Ⅲ-20、Ⅰ-05 和Ⅱ-08 等分区,需增加湿地面积至 33.23 km²。

4.4.3.3　物种目标管控

进行物种目标管控需要深入实施生物多样性保护工程,切实加强水生野生动植物类保护力度。积极开展生物多样性调查、监测与评估,逐步建立珍稀濒危物种分布数据库和遗传资源保护培育机制。科学规划、合理开发利用水产资源,保护太湖流域（江苏）重点保护物种名录中的水生生物物种生息繁衍的场所和生存条件。组织专家对现有水生态系统引进外来物种进行风险评估,禁止引进对水生态安全有危害的野生动植物。对引进的外来物种进行动态监测,发现有害物种,及时采取措施,消除危害。

4.5 管控措施清单

按照水生态环境功能分区管控总体思路和主要任务,以目标可达和经济效益为目的,以筛选的区域水生态改善限制因子和区域治理需求为依据,利用构建的多目标最优化管控方案筛选模型,形成推荐性太湖流域水生态环境功能分区管控方案(见附件),在水生态环境改善的前提下,提高治理的经济技术效率和公众满意度,实现差别化、精细化管控。

4.6 投资效益分析

4.6.1 投资分析

太湖流域水生态环境功能分区管控方案措施清单,包括工业废水处理2 254.15万t/a,养殖废水资源化利用处理设施66.22万 t/a,提升城镇污水处理能力67.49万 t/d,高标准农田建设75.82万亩,水产养殖低污染尾水生态净化52.93万亩/a,水环境综合整治项目33个和水体生态修复项目42个,增加林地面积16.35 km² 和湿地面积33.23 km²,总投资118.82亿元。

4.6.2 环境效益

方案实施后,工业企业技术提升、落后企业淘汰,污水处理率提高,农业面源污染得到有效控制,可从源头和末端大幅降低污染物排放量,减少污染物排放量化学需氧量70 784.73 t、氨氮5 663.74 t、总氮8 519.70 t,总磷1 449.00 t,达到2030年总量控制目标,入湖量均在环境容量范围之内,可以满足水环境功能区水质达标率要求。流域内工业废水排放达标率达100%;到2030年,太湖流域建制镇污水处理设施全覆盖,农村污水处理率达90%以上;所有规模养殖场粪污处理设施装备配套率达98%以上;流域水质基本实现规划指标。

防污控源与生态修复治理相结合使得区域生态环境质量得到有效改善,流域生态环境质量提高,水体生态景观改善,流域生态功能增强,生态系统走向良性循环,从而增加了流域经济社会发展的承载能力,进一步缓解了当地社会发展与环境约束之间的矛盾,促进当地经济社会和谐、可持续发展。

4.6.3 经济效益

项目实施可有效促进区域生态环境的良性循环,实现区域社会经济的可持续发展。方案实施促进水环境改善,解除了水环境污染对经济发展的瓶颈制约,将会增加对投资者的吸引力度,促进经济继续快速发展。同时对各类水体水质的保护和改善可大大减少用于水污染控制和治理的费用。生态修复和环境的改善带来生态旅游和生态服务业的发展,经济发展潜力得到进一步增强,将带动当地相关行业的发展,增加就业机会,扩大内需,从而推动当地社会经济的快速发展,推动当地产业结构的调整。通过工农业结构调整和升级,能够推进工业与农业现代化的进程,促进经济的健康、可持续发展。

4.6.4　社会效益

方案的实施可解决一批突出的热点、难点环境问题,完善环境基础设施建设,改善水环境质量,改善人民的生活环境,改善当地的投资环境,吸引资金,加速工农业的发展,从而提高人民的生活质量;还可促进区域旅游事业的发展,从而促进区域经济发展,保障当地居民生活水平的提高。环境的改善为当地居民生活和生产的基本条件改善提供强有力的保障。同时,通过具体的工程实施,使人们能够体会到环境保护的重要性和环境效益的提升,体验人与自然和谐共存协调关系,进而激发公众的环境保护意识。

4.6.5　生态效益

通过水质水生态不达标分区全面的水质提升和水生态环境改善,实施生态修复、生态防护及环境综合整治等工程,太湖流域水生态环境得到整体改善。方案的实施将在总体上改善太湖流域生态系统的功能,维护生态系统的稳定,增强生态系统的抗干扰能力,维护区域生态系统多样性和稳定性,提高水源涵养和水土保持能力,生物多样性保护将得到显著提高。

4.7　可达性分析

4.7.1　污染控制目标可达性分析

通过提升工业废水处理、工业产业结构优化、养殖结构优化、养殖废水资源化利用、城镇污水处理能力提升,高标准农田建设、规模水产养殖低污染尾水组合生态净化技术利用等管控措施及估算削减量(详见表 4.7-1),可以实现源头和末端的污染源管控。水生态系统不断改善、自我调节能力提升,水质目标可达。

表 4.7-1　总量削减量可达性分析

分区名称	化学需氧量需削减量（t/a）	氨氮需削减量（t/a）	总氮需削减量（t/a）	总磷需削减量（t/a）	化学需氧量可削减量（t/a）	氨氮可削减量（t/a）	总氮可削减量（t/a）	总磷可削减量（t/a）	可达性分析
I-01	0	41	121	26	1 001	82	131	46	可达
I-02	240	0	70	20	733	68	131	41	可达
I-03	0	0	0	54	1 900	180	240	61	可达
II-01	361	87	192	11	2 230	149	223	23	可达
II-04	0	0	0	44	1 890	173	250	68	可达
II-05	234	0	36	33	881	68	109	38	可达
III-01	0	0	0	5	1 588	128	168	24	可达
III-02	0	0	0	28	653	59	94	31	可达
III-03	0	0	437	43	3 984	201	508	172	可达
III-04	0	17	240	0	1 830	153	252	77	可达
III-05	0	0	241	0	3 202	149	313	51	可达
III-06	1 208	69	382	0	3 279	310	415	63	可达
III-08	0	0	104	0	1 478	58	127	25	可达
III-11	943	0	77	28	1 032	96	136	39	可达
III-13	0	0	88	64	2 168	203	297	90	可达
III-15	94	171	430	19	3 542	340	453	91	可达
III-16	4 343	602	1 339	86	12 627	1 157	1 408	179	可达
III-18	0	334	615	0	4 618	404	647	96	可达
IV-01	0	0	96	0	1 226	105	125	19	可达
IV-02	0	0	397	0	5 534	154	443	82	可达
IV-04	748	29	368	51	3 486	260	412	103	可达
IV-06	550	10	176	19	1 825	105	243	91	可达
IV-08	0	0	21	0	1 261	94	154	52	可达
IV-09	0	0	0	19	1 423	95	232	36	可达
IV-11	0	0	1 034	167	11 789	1 113	1 317	175	可达
IV-12	0	41	121	26	1 001	82	131	46	可达
IV-13	240	0	70	20	733	68	131	41	可达
IV-14	0	0	0	54	1 900	180	240	61	可达

4.7.2　水质目标可达性分析

太湖流域内的水环境质量总体得到改善,目前,江苏省 15 条主要入湖河流水质全部达到或优于Ⅲ类,总磷是主要的超标因子。不达标河流集中于太湖西岸和太湖流域东部。主要原因是农业面源和工业、生活污染物大量排放,导致水体污染。通过污染物总量削减、浓度降低,生活污水、农业面源污染有效控制,畜禽养殖规范化等手段,有效控制新、老污染源,遏制住太湖流域的污染趋势。同时,通过生态修复工程、岸线改良工程以及河道清淤工程,可以改善太湖流域水质,恢复其水体功能。

4.7.3　空间管控目标可达性分析

以生态功能不退化为目标,未来合理规划土地利用类型,提高林地、湿地比例,增强生态系统自我调节能力,通过生态修复、生态防护及环境综合整治,生态环境逐步改善,目标可达。

4.7.4　环境管理能力建设目标可达性分析

随着国家和各级地方政府对环境管理规范化、现代化水平的重视,将进一步加大对环保在岗人员职业道德、技术水平和业务能力的培训,环境监管能力标准化水平和监督执法装备水平有望得到大幅度提高。环境监管能力建设项目的实施,将使环境监管能力在队伍建设、制度保障、技术培训、硬件建设、宣传教育提高等多个方面得到加强,使各项工作正常稳定开展。

4.8　保障措施与实施计划动态更新

4.8.1　保障措施制定

4.8.1.1　组织实施保障

太湖流域水生态环境功能分区生态环境保护实行地方人民政府负责制,四市一县各级人民政府是责任主体,应进一步明确方案的组织实施单位,从管理机构和队伍建设、责任分工、项目管理及绩效考核、公众参与等方面说明为保障方案实施而建立的相关制度,形成方案实施的保障措施;针对跨地区的分区,应明确不同地区的责任及分工,进一步完善太湖流域水环境治理协商机制,探索并实行流域管理与行政区域管理相结合的综合管理体制,形成职责明确、协作联动的长效工作机制。

4.8.1.2 政策保障

各市(或县)要严格执行国家相关法律法规,并结合本辖区实际情况,建立健全严格产业准入、水资源管理、水域纳污总量控制、污染源监管等法规和标准体系,抓紧制定太湖治理的配套政策和措施。制定更加严格的水污染防治标准,推进太湖流域水环境治理法制化、制度化和常态化建设。健全环境执法监督体系,推进部门、区域联合执法,构建国家、省市、地市、县市、乡镇"五级"协同联动机制。落实执法监管措施,加大对破坏水环境违法案件的查处和督办力度,严厉打击违法排污行为。对重点污染企业等污染源排放和污水处理厂等污染治理单位实施专项执法检查,提高执法效果。对重大环境违法行为实行挂牌督办,依法严肃追究相关责任人的责任,对触犯刑律的相关责任人追究刑事责任。切实解决"守法成本高、执法成本高、违法成本低"的问题。

4.8.1.3 资金保障

从资金筹措方式、投融资机制等方面明确太湖流域水生态环境保护所需资金的来源,该部分资金应坚持政府引导、市场为主、公众参与,建立政府、企业、社会多元化投入机制,鼓励创新投融资机制,通过流域上下游生态补偿机制的建立、特许经营、政府购买服务等方式拓宽融资渠道,同时提出流域保护资金使用管理办法及监管措施,确保资金用于流域保护。

4.8.1.4 技术等其他保障措施

有关部门要提升科学治太水平,增强科技支撑能力。加强水生态环境功能分区水质监测能力建设,国、省控重点行业污染源监控预警能力建设,排污许可证管理及信息平台建设等。加强跨区域水环境生态补偿、水环境损害评估、水资源水环境承载力预警机制、新型污染物风险评价等应用基础研究。梳理并推广太湖流域城市与农业面源污染控制与防治、生态恢复、高效抑制藻类等各级各类水生态环境功能分区的水污染控制技术,并组织制定相关技术规范。认真梳理太湖治理的关键技术难点和重点,组织跨学科、多领域科技创新团队开展协作攻关,突破技术瓶颈。认真学习借鉴国内外流域水污染综合治理的成功经验,鼓励省内科研机构与国内外高水平科研机构建立稳定的合作伙伴关系,引进急需的环境管理及污染治理关键技术,联合开展相关技术研发。

4.8.2 实施计划动态更新

对江苏省太湖流域 49 个水生态环境功能分区的监测断面进行定期水质监测,各个分区监测断面水质目标分别执行该断面自身考核目标。监测指标包括化学需氧量、氨氮、总磷等 24 项地表水环境质量标准基本项目。对江苏省太湖流域内 49 个水生态环境功能分区的 57 个水生态监测点位开展调查监测,以便了解和掌握江苏省太湖流域水生态环境功能分区水生态状况。监测内容包括湖库淡水浮游藻类、淡水大型底栖无脊椎动物、湖库水质、河流水质等。

　　基于对选取区域内相关水体的水文水质因子的同步跟踪监测数据,分析相关管控和修复技术实施后水质和水生态的变化趋势及限制性因素,并对应用效果进行追踪评估,以反馈优化管控的相关技术,形成一系列动态管控方案。

附件 A

表 1　49 个分区管控任务清单

分区名称	总量管控			水质水生态管控			空间管控			物种管控	
	需削减量 (t/a)	限制因子	推荐性管控措施	水质不达标河道断面	水生态不达标河道断面	推荐性管控措施	需增加林地面积 (km²)	需增加湿地面积 (km²)	推荐性管控措施	保护物种	推荐性管控措施
I-01 金坛洮湖重要物种保护-水文调节功能区(金坛)	氨氮 40.53；总氮 120.95；总磷 26.24	轻度农田污染、轻度畜禽养殖、轻度污染	工业:增加工业废水处理设施 74.99 万吨/年,优化产业结构 3 个。农业:①农田面源:在距离河道 500 m 以内的区域建立生态拦截系统,高标准农田建设 9491.7 亩;②畜禽养殖:优化养殖结构 1 个,养殖废水资源化利用处理设施 5.29 万 t/a;③水产养殖:增加规模水产养殖低污染尾水组合生态净化技术 0 万亩;生活:提升城镇污水处理能力 0.5 万 t/d	中干河(典基桥),洮湖(北干河口区)	长荡湖(北干河口区)	水生植物群落重建及生物多样性恢复,鱼类群落调控;生物操纵技术。河道旁路多级人工湿地净化技术;微曝气强化生态浮床污水处理技术,在支流河口区域,使用河口湿地生态修复技术;大型水生植物适度调控藻类富营养化技术		1.98	保护并修复湿地,因地制宜建设生态缓冲区和生态隔离带	青虾,长角涵螺,纹沼螺,黄尾鲷	切实加强水生动物类保护力度,维护物种生息繁衍场所和生存条件
I-02 溧阳南部重要生境维持-水源涵养功能区(溧阳)				大溪水库(大溪水库湖心)		湖滨-缓冲带生态建设成套技术,包括生态修复技术,长荡湖滨带生态修复,良好驳岸改造,生态廊道恢复等;河口湿地生态修复技术,针对入湖河流进行修复,提升入湖水质	3.69		推行林长制,加大造林工程投入力度	青虾,蜻蜓目,长角涵螺,纹沼螺,尖头鳋	切实加强水生动物类保护力度,维护物种生息繁衍场所和生存条件

续表

分区名称	总量管控			水质水生态管控			空间管控			物种管控	
	需削减量(t/a)	限制因子	推荐性管控措施	水质不达标河道断面	水生态不达标河道断面	推荐性管控措施	需增加林地面积(km²)	需增加湿地面积(km²)	推荐性管控措施	保护物种	推荐性管控措施
I-03宜兴南部生物多样性维持-水源涵养功能区(宜兴)	化学需氧量240.47；总氮70.4；总磷20.16	轻度农田污染、轻度水产养殖	工业:增加工业废水处理设施0.05万吨/年,优化产业结构1个;农业:①农田面源:在距离河湖500 m以内的区域建立生态拦截系统、高标准农用建设25 937.89亩;②畜禽养殖:优化水资源化利用建设施1.51万t/a,重点管控养殖尾水排放,增强尾水净化设施建设;③水产养殖:采用高密度水产养殖循环利用技术、规模水产养殖低污染尾水组合生态净化技术等方式,增加规模水产养殖低污染尾水组合生态净化4.88万亩/a;生活:提升城镇污水处理能力0.75万t/d	横山水库(横山水库)	横山水库(横山水库)	水生植物群落重建及生物多样性恢复、鱼类群落调控,生物操纵技术。人工湿地污水处理系统,使用湿地-多塘系统处理技术	1.48		推行林长制,加大造林工程投入力度。	青虾、蜻蜓目、长角涵螺、纹沼螺、膀胱螺、中华花鳅	切实加强水生动物保护力度,维护物种生息繁衍和生存所需场所和生条件

续表

分区名称	总量管控			水质水生态管控			空间管控			物种管控	
	需削减量(t/a)	限制因子	推荐性管控措施	水质不达标河道断面	水生态不达标河道断面	推荐性管控措施	需增加林地面积(km²)	需增加湿地面积(km²)	推荐性管控措施	保护物种	推荐性管控措施
I-04阳澄湖多生物多样性维持-水文调节区(相城)				阳澄湖(阳澄湖心)	阳澄湖(阳澄湖心)	截污工程、底泥清淤、生态护坡、生态浮岛、沉水植被构建、鱼类群落调控、底栖动物投放		0.55	保护并修复湿地、因地制宜建设生态安全缓冲区、生态隔离带	青虾、长角涵沼螺、纹沼螺、长吻鮠	切实加强水生动物保护力度、维护物种栖息和生存条件
I-05太湖东部湖区重要物种保护-水文调节功能区(吴中、吴江、高新)				太湖(太湖东部湖区、胥江(航管站))	胥江(航管站)	水生植物群落重建及生物多样性恢复、鱼类群落调控、生物操纵技术。蓝藻水华应急拦截技术。大型蓝藻浓缩脱水收集船技术。一体化高效蓝藻富集仿生式水面蓝藻清除技术与设备		0.19	保护并修复湿地、因地制宜建设生态安全缓冲区、生态隔离带	长角涵沼螺、纹沼螺、蜻蜓目、鳙、青虾、稀圆背角无齿蚌、圆顶珠蚌、黄尾鲴、华鳈	切实加强水生动物保护力度、维护物种栖息和生存条件

续表

分区名称	总量管控			水质水生态管控			空间管控			物种管控	
	需削减量(t/a)	限制因子	推荐性管控措施	水质不达标河道断面	水生态不达标河道断面	推荐性管控措施	需增加林地面积(km²)	需增加湿地面积(km²)	推荐性管控措施	保护物种	推荐性管控措施
Ⅱ-01 镇江东部水环境维持-水源涵养功能区（丹徒区、句容市、金坛区）	总磷 53.79	轻度畜禽养殖	工业：增加工业废水处理设施99.57万t/a，优化产业结构0个；农业：①高标准农田建设46 299.24亩；②畜禽养殖、优化养殖结构1个，养殖废水资源化利用处理设施0.05万t/a；③水产养殖、增加规模化水产养殖污染尾水组合生态成套技术、水生植物平衡收割与资源化利用技术；生活：提升城镇污水处理能力2.45万t/d			沉水植被构建技术、漂浮湿地污染物净化技术、生态湖滨-缓冲带生态建设成套技术、湖滨湿地污染控制成套技术、水生植物平衡收割与资源化利用技术	2.45		推行林长制、加大造林工程投入力度	青虾、蚌、蜻蜓目、波氏吻虾虎鱼	切实加强水生动物保护力度，维护物种繁衍场所和生存条件
Ⅱ-02 滆湖西岸水环境维持-水质净化功能区（宜兴市、武进）				中干河（典桥）、扁担河（厚余）		河道旁路多级人工湿地净化技术、黑臭水体原位污染物拦截和强化净化技术、微曝气强化生态床污水处理技术、生态护岸改造技术、沉水植被构建技术、底泥环保疏浚技术、高氮磷污染底泥环保疏浚及有毒有害有机污染底泥环保疏浚技术、重金属污染底泥环保疏浚技术		0.84	保护并修复退化湿地、因地制宜建设生态安全缓冲区和生态隔离带	青虾、鳙、蜻蜓目、长角涵螺、纹沼螺、铜鱼	切实加强水生动物保护力度，维护物种繁衍场所和生存条件

续表

分区名称	总量管控			水质水生态管控			空间管控			物种管控	
	需削减量（t/a）	限制因子	推荐性管控措施	水质不达标河道断面	水生态不达标河道断面	推荐性管控措施	需增加林地面积（km²）	需增加湿地面积（km²）	推荐性管控措施	保护物种	推荐性管控措施
II-03宜兴丁蜀水环境维持-水文调节功能区（宜兴）					乌溪港（乌溪港桥）	生态清淤、水生植物群落重建及生物多样性恢复、鱼类群落调控、生物操纵技术、河口湿地生态修复。微地生态浮曝气强化生态净床污水处理技术。自然型生态护岸改造技术。城市河道水质净化与生态修复集成技术。城市河湖水系水质保障与修复技术	2.92		推行林长制、加大造林工程投入人力度	河蚬、鲭、鲅目、中国淡水蛏、黄尾鲴	切实加强水生动物保护力度、维护物种生息繁衍场所和生存条件

续表

分区名称	总量管控			水质水生态管控			空间管控			物种管控	
	需削减量(t/a)	限制因子	推荐性管控措施	水质不达标河道断面	水生态不达标河道断面	推荐性管控措施	需增加林地面积（km²）	需增加湿地面积（km²）	推荐性管控措施	保护物种	推荐性管控措施
Ⅱ-04 吴江北部重要物种保护-水文调节区（吴江）				颐塘河（平望新运河大桥）	颐塘河（平望新运河大桥）	生态清淤、水生植物群落重建及生物多样性恢复、鱼类群落调控、微曝气强化生态浮床污水处理技术。生态护岸改造技术、漂浮湿地污染物净化技术、湖滨缓冲带生态建设成套技术、人工湿地污水处理系统		2.73	保护并修复退化湿地、因地制宜建设生态安全缓冲区和生态隔离带	青虾、蜻蜓目、长角涵螺、纹沼螺、圆顶珠蚌、黄尾鲷	切实加强水生动物保护力度、维护物种生息繁衍场所和生存条件

续表

分区名称	总量管控			水质水生态管控			空间管控			物种管控	
	需削减量 (t/a)	限制因子	推荐性管控措施	水质不达标河道断面	水生态不达标河道断面	推荐性管控措施	需增加林地面积 (km²)	需增加湿地面积 (km²)	推荐性管控措施	保护物种	推荐性管控措施
Ⅱ-05 西山岛重要物种保护-水文调节功能区(吴中)	化学需氧量 361.18;氨氮 86.72;总氮 192.49;总磷 10.9	重度污染	工业:增加工业废水处理设施 232.46 万 t/a,优化产业结构 28.63 个;农业:①农田面源:高标准农田建设 3 026.98 亩;②畜禽养殖:优化养殖结构 17.9 个;养殖废水资源化利用处理设施 0.24 万 t/a;③水产养殖:增加规模水产养殖低污染尾水组合生态净化技术 0.04 万亩/a;生活:提升城镇污水处理能力 1.69 万 t/d	太湖湖心区(西山西)	太湖(西山西)	水生植物群落重建及生物多样性恢复,鱼类群落调控,生物操纵技术。漂浮湿地污染物净化技术。大型底栖生物和沉水植物联合调控营养化技术。蓝藻水华监控预警技术。蓝藻水华应急拦截技术。蓝藻一体化高效收获藻船技术。浓缩脱水收聚蓝藻技术。大型湖泊仿生式水面蓝藻清除技术与设备。水草收割技术。滨岸缓冲带生态建设成套技术。水生植物平衡收割与资源化利用技术		0.48	保护并修复退化湿地,因地制宜建设生态安全缓冲区和生态隔离带	蜻蜓目、蜉蝣目、长角涵螺、纹沼螺、鳝、小黄黝鱼	切实加强水生动物保护,维护物种栖息繁衍场所和生存条件

续表

分区名称	总量管控			水质水生态管控			空间管控			物种管控	
	需削减量(t/a)	限制因子	推荐性管控措施	水质不达标河道断面	水生态不达标河道断面	推荐性管控措施	需增加林地面积(km²)	需增加湿地面积(km²)	推荐性管控措施	保护物种	推荐性管控措施
II-06 贡湖东岸生物多样性维持-水文调节功能区(苏州高新、相城)					江南运河(浒关上游)	生态护岸改造技术。漂浮湿地污染物净化技术。在入湖河口区域,使用河口湿地生态修复技术。沉水植被构建技术。蓝藻水华监控预警技术。蓝藻水华应急拦截技术。蓝藻高效收集船一体化技术。浓缩脱水藻浆技术。大型蓝藻清除式水收集技术与设备		0.63	保护并修复退化湿地,因地制宜建设生态安全缓冲区和生态隔离带	青虾、长角涵螺、纹沼螺、椭圆背角无齿蚌、须鳗虾虎鱼	切实加强水生动物保护力度,维护物种栖息繁衍场所和生存条件
II-07 滆湖重要物种保护-水文调节功能区(武进、宜兴)				滆湖(大滆运河区)	滆湖(大滆运河区)	生态清淤。生态浮岛、沉水植被构建。生态调水引流技术。"库-河-湖"多流域调配水量调配技术					

续表

分区名称	总量管控			水质水生态管控			空间管控			物种管控	
	需削减量 (t/a)	限制因子	推荐性管控措施	水质不达标河道断面	水生态不达标河道断面	推荐性管控措施	需增加林地面积 (km²)	需增加湿地面积 (km²)	推荐性管控措施	保护物种	推荐性管控措施
Ⅱ-08 梅梁湾-贡湖湾重要物种保护-水文调节功能区（滨湖、苏州高新、苏、湘城）				太湖（大湖北部区、五里湖、梅梁湖、锡山、掩山、沙渚东、沙渚南）	太湖（梅梁湖心）	水生植物群落重建及生物多样性恢复、鱼类群落操纵控、生物操纵技术。河口湿地生态修复技术。漂浮湿地污染物净化技术。大型水植栖生物和沉水植物联合调控富营养化技术		2.86	保护并修复退化湿地、因地制宜建设安全缓冲区和生态隔离带	长角涵螺、纹沼螺、细鳞、斜华鲴、鳑鲏、须鱊虾虎鱼	切实加强水生动物保护力度、维护物种栖息和繁衍场所和生存条件
Ⅱ-09 太湖湖心重要区重要物种保护-水文调节功能区（武进、滨湖、宜兴、高新、中）				太湖（大湖心区、平台山、大雷山、椒山、西山、西山十四号灯标、乌龟山南）	太湖（平台山）	水生植物群落重建及生物多样性恢复、鱼类群落操纵控、生物操纵技术。蓝藻水华监控预警技术。蓝藻水华应急控藻技术。一体化高效蓝藻浓缩脱水收藻船技术。大型水面蓝藻清除技术与设备		0.95		长角涵螺、纹沼螺、尖头鲌、唇鳍	切实加强水生动物保护力度、维护物种栖息和繁衍场所和生存条件

续表

分区名称	总量管控			水质水生态管控			空间管控			物种管控	
	需削减量(t/a)	限制因子	推荐性管控措施	水质不达标河道断面	水生态不达标河道断面	推荐性管控措施	需增加林地面积(km²)	需增加湿地面积(km²)	推荐性管控措施	保护物种	推荐性管控措施
Ⅱ-10太湖南部湖区重要水文生境维持-水文调节功能区(吴中)			工业:增加工业废水处理设施7.85万t/a,优化产业结构0个；农业:①农田建设54 331.79亩；②畜禽养殖:优化养殖结构6个,养殖废水资源化利用产业化;优化水产养殖废水处理设施0.08万t/a;③水产养殖:增加规模水产养殖低污染尾水组合生态净化技术0.72万亩;生活:提升城镇污水处理能力2.32万t/d	太湖(漾四港)	太湖(漾四港)	蓝藻水华监控预警技术。蓝藻水华应急控截脱水一体化高效蓝藻浓缩脱水收集船技术。大型仿生式水面蓝藻收集设备。使用大型水生植物调度调控藻类富营养化技术。沉水植被构建技术。水生植物平衡收割与资源化利用技术		1.06		河蚬、长角涵螺、纹沼螺、圆尾拟蟋、须鳗虾虎鱼、华鲮	切实加强水生动物保护力度,维护物种生息繁衍场所和生存条件
Ⅱ-01丹阳城镇水环境维持-水质净化功能区(丹阳)	总磷43.91	轻度畜禽养殖		丹金溧漕河(黄埝桥)	丹金溧漕河(黄埝桥)	生态浮岛、沉水植被群落建立及鱼类生物多样性恢复,生物操纵技术。城区河道水质净化与生态修复集成技术	0.32		推行林长制,加大造林工程投入力度。		

续表

分区名称	总量管控			水质水生态管控			空间管控			物种管控	
	需削减量(t/a)	限制因子	推荐性管控措施	水质不达标河道断面	水生态不达标河道断面	推荐性管控措施	需增加林地面积(km²)	需增加湿地面积(km²)	推荐性管控措施	保护物种	推荐性管控措施
Ⅲ-02丹东部水环境维持水文调节水功能区(丹阳)	化学需氧量234.21；总氮35.99；总磷32.9	重度农田污染，重度畜禽养殖污染	工业:增加工业废水处理设施84.81万t/a。优化产业结构1个；农业:①农田面源:在距离河湖500 m以内的区域，禁止开发，建立生态拦截系统。在距离河湖500 m以外的区域实施农药化肥减量措施，高标准农田建设9005.73亩；②畜禽养殖:优化养殖结构2个，养殖废水资源化利用处理设施4.07万t/a；③水产养殖:增加规模水产养殖低污染尾水组合生态净化技术0.02万亩/a；生活:提升城镇污水处理能力0.45万t/d			生态护岸改造技术。沉水植被构建技术。湖滨-缓冲带生态建设成套技术		1.50	推行林长制，加大造林工程投入力度	河蚬，长角涵螺，纹沼螺，椭圆萝卜螺，铜锈环棱鱼	切实加强水生动物保护力度，维护物种生息繁衍场所和生存条件

续表

分区名称	总量管控			水质水生态管控			空间管控			物种管控	
	需削减量(t/a)	限制因子	推荐性管控措施	水质不达标河道断面	水生态不达标河道断面	推荐性管控措施	需增加林地面积(km²)	需增加湿地面积(km²)	推荐性管控措施	保护物种	推荐性管控措施
Ⅲ-03丹武重要水境维持-水质净化功能区(丹阳、新北)	总磷 5.32	轻度畜禽养殖	工业:增加工业废水处理设施349.16万 t/a;农业:①农田面源:高标准农田建设8 850.16亩;②畜禽养殖:优化养殖资源化利用1个、养殖废水资源化处理设施0.13万 t/a;③水产养殖:增加规模水产养殖低污染尾水组合生态净化技术3.8万亩;生活:提升城镇污水处理能力1.71万 t/d	江南运河(吕城)、鹤溪河(殷家桥)		城区河道水质净化与修复生态技术。城市河系水质保障。湖泊原位污染物支拦截和强化净气技术。微曝气生态净化技术。水浮床改造技术。生态护岸构建技术				长角涵螺、纹沼螺、大鳍鱊	切实加强水生动物保护力度,维护物种生息繁衍场所和生存条件
Ⅲ-04金坛城镇重要维持-水质净化功能区(金坛)	总磷 28.34	轻度畜禽养殖	工业:增加工业废水处理设施46.9万 t/a。优化产业结构3个;农业:①农田面源:高标准农田建设26 525.19亩;②畜禽养殖:优化养殖资源化利用0个、养殖废水资源化处理设施0.22万 t/a;③水产养殖:增加规模水产养殖低污染尾水组合生态净化技术0.26万亩;生活:提升城镇污水处理能力0.76万 t/d	夏溪河(含尧塘河)(大平桥)	(尧塘河)(大平桥)	城区河道水质净化与修复生态技术。河道人工湿地。黑臭水体净化技术。黑臭物支拦截和强化净化技术。微曝气生态净化技术。水生态浮床改造技术。生态护岸改造技术。生态浮填湿地污染净化技术。沉水植被构建技术				青虾、长角涵螺、纹沼螺、蜻蜓目、长吻鮠	切实加强水生动物保护力度,维护物种生息繁衍场所和生存条件

续表

分区名称	总量管控			水质水生态管控			空间管控			物种管控	
	需削减量(t/a)	限制因子	推荐性管控措施	水质不达标河道断面	水生态不达标河道断面	推荐性管控措施	需增加林地面积(km²)	需增加湿地面积(km²)	推荐性管控措施	保护物种	推荐性管控措施
Ⅲ-05溧高重要生境维持-水文调节功能区(溧阳、高淳)	总氮437.21 总磷43.06	轻度农田污染	工业:增加工业废水处理设施7.08万t/a,优化产业结构1个;农业:①农田面源:在距离河湖500 m以内的区域推行立体生态拦截系统、高标准农田建设137 291.93亩;②畜禽养殖:优化养殖结构73个,养殖废水资源化利用处理设施2.39万t/a;③水产养殖:增加规模水产养殖低污染尾水组合生态净化技术8.52万亩/a;生活:提升城镇污水处理能力1.95万t/d		落蓬湾、前留桥	水生植物群落重建及生物多样性恢复、鱼类群落调控、生物操纵技术、河口湿地生态修复技术	0.15		推行林长制,加大造林工程投入力度	蜻蜓目、长角纹石蛾、纹沼螺、黄尾鲴	切实加强水生动物保护力度、维护物种生息繁衍场所和生存条件

续表

分区名称	总量管控			水质水生态管控			空间管控			物种管控	
	需削减量(t/a)	限制因子	推荐性管控措施	水质不达标河道断面	水生态不达标河道断面	推荐性管控措施	需增加林地面积(km²)	需增加湿地面积(km²)	推荐性管控措施	保护物种	推荐性管控措施
Ⅲ-06溧阳城镇重要生境维持-水文调节功能区(溧阳)	氨氮17.23;总氮239.53	轻度农田污染、轻度污染	工业:增加工业废水处理设施135.75万t/a,优化产业结构0个;农业:①农田面源:在距离河湖500 m以内的区域建立生态拦截系统,高标准农田建设22 194.12亩;②畜禽养殖:优化养殖结构3个养殖废水资源化利用处理设施7.00万t/a;③水产养殖:增加规模水产养殖低污染尾水组合生态净化技术4.94万亩/a;生活:提升城镇污水处理能力1.29万t/d	北溪河(杨巷桥)		微曝气强化生态浮床污水处理技术。生态护岸改造技术。沉水植被构建技术。河口湿地生态修复技术	0.27	0.17	推行林长制,加大造林工程投入力度	青虾、鳙、青虾亚目、青虾、中华花鳅	切实加强水生动物保护力度,维护物种生息繁衍场所和生存条件

续表

分区名称	总量管控			水质水生态管控			空间管控			物种管控	
	需削减量(t/a)	限制因子	推荐性管控措施	水质不达标河道断面	水生态不达标河道断面	推荐性管控措施	需增加林地面积(km²)	需增加湿地面积(km²)	推荐性管控措施	保护物种	推荐性管控措施
Ⅲ-07宜兴西部重要水文调节—水文维持功能区(宜兴)				西氿(西氿大桥)		水生植物群落重建及生物多样性恢复，鱼类群落调控。生物操纵强化技术。微曝气强化技术。生态浮床污水处理技术。自然型生态护岸改造河道生态修复技术。城市河湖水质净化与生态成技术。城市河道水系水质保障与修复技术		1.95	保护并修复湿地，因地制宜建设生态安全缓冲区，生态隔离带	青虾、长角涵沼螺、纹沼螺、中华花鳅	切实加强水生动物保护力度，维护物种生息繁衍场所和生存条件
Ⅲ-08江阴西部水环境维持—水质净化功能区(江阴、新北)	总氮241.33	轻度污染	工业:增加工业废水处理设施0.4万t/a，优化产业结构4个；农业:①农田面源:高标准农田建设6199.11亩;②畜禽养殖:优化养殖结构62个;③水产养殖:增加规模水产养殖低污染尾水组合生态净化技术5.89万亩/a；生活:提升城镇污水处理能力1.24万t/d	德胜河(东潘桥)	德胜河(东潘桥)	水生植物群落重建及生物多样性恢复，鱼类群落调控。河道旁路多级人工湿地净化技术。微曝气强化水处理技术。生态护岸改造技术。河口湿地生态修复技术		0.95	保护并修复湿地，因地制宜建设生态安全缓冲区，生态隔离带	青虾、河蚬、铜鱼	切实加强水生动物保护力度，维护物种生息繁衍场所和生存条件

续表

分区名称	总量管控			水质水生态管控			空间管控			物种管控	
	需削减量（t/a）	限制因子	推荐性管控措施	水质不达标河道断面	水生态不达标河道断面	推荐性管控措施	需增加林地面积（km²）	需增加湿地面积（km²）	推荐性管控措施	保护物种	推荐性管控措施
Ⅲ-09 滆湖东岸水环境维持-水质净化功能区（武进）						生态浮岛,水生植物群落重建及生物多样性恢复,鱼类群落调控;生物操纵技术		1.51	保护并修复退化湿地,因地制宜建设生态安全缓冲区和生态隔离带	青虾,鳍	切实加强水生动物保护力度,维护物种生息繁衍场所和生存条件
Ⅲ-10 滆湖南岸水环境维持-水质净化功能区（宜兴）					漕桥河（漕桥）	截污工程,底泥清淤,生态护坡,生态浮岛,多级人工湿地,水生植物群落重建及鱼类群落调调。生境恢复采用基底改造技术,水文恢复,河道旁路技术。生物廊道修复采用水生植物净化技术。河湖湿地净化技术。城市河道水系采用人工湿地与修复技术。黑臭支浜原位污染物拦截和强化净化技术		2.69	保护并修复退化湿地,因地制宜建设生态安全缓冲区和生态隔离带	青虾,河蚬,长角涵螺,纹沼螺,尖头鮊,长须黄颡鱼	切实加强水生动物保护力度,维护物种生息繁衍场所和生存条件

分区名称	总量管控			水质水生态管控			空间管控			物种管控	
	需削减量(t/a)	限制因子	推荐性管控措施	水质不达标河道断面	水生态不达标河道断面	推荐性管控措施	需增加林地面积(km²)	需增加湿地面积(km²)	推荐性管控措施	保护物种	推荐性管控措施
Ⅲ-11太湖西岸水环境维持水文调节功能区(宜兴)	化学需氧量1 207.94;氨氮68.85;总氮381.69	重度污染	工业:增加工业废水处理设施1.18万t/a,优化产业结构20个;农业:①农田面源:高标准农田建设29 819.53亩;②畜禽养殖:优化养殖资源利用5个,养殖废水资源化处理设施0.02万t/a;③水产养殖:增加规模水产养殖低污染尾水组合生态净化技术4.59万亩/a;生活:提升城镇污水处理能力4.08万t/d。	殷村港(殷村港桥)	殷村港(殷村港)	截污工程、底泥清淤、生态护坡、多级人工湿地、黑臭污染位支浮岛原位污染拦截和强化净化技术、微曝气强化生态浮床污水处理技术、高氮、磷污染淤泥环保疏浚技术、重金属及有毒有害有机污染淤泥环保疏浚技术		1.18	保护并修复湿地、因地制宜建设生态缓冲区和生态隔离带	青虾、鳍蛏目、黄尾鲷、华鳈	切实加强水生动物保护,维护物种生息繁衍场所和生存条件
Ⅲ-12竺山湖北岸重要维持水生境养源环境涵养功能区(惠山、滨湖、武进)				漕桥河(裴家)	武进港(姚巷桥)	水生植物群落重建及生物多样性恢复、鱼类群落调控、生物操纵技术、河口湿地生态修复、城市河道水质净化与生态修复、河湖水系综合保障水质集成技术、自然型生态护岸改造技术		0.16	保护并修复湿地、因地制宜建设生态缓冲区和生态隔离带	青虾、河蚬、蜻蜓目、中国尖嘴鲚、青鳉、黄尾鲷、黄鲷、鳝	切实加强水生动物保护,维护物种生息繁衍场所和生存条件

续表

分区名称	总量管控			水质水生态管控			空间管控			物种管控	
	需削减量 (t/a)	限制因子	推荐性管控措施	水质不达标河道断面	水生态不达标河道断面	推荐性管控措施	需增加林地面积 (km²)	需增加湿地面积 (km²)	推荐性管控措施	保护物种	推荐性管控措施
Ⅲ-13 无锡南部城镇水环境维持—水文调节功能区（滨湖、新吴）	总氮 104.14	轻度污染	工业：增加工业废水处理设施 35.93 万 t/a，优化产业结构 0 个；农业：①农田面源：高标准农田建设 6 715.83 亩；②畜禽养殖：优化养殖结构 32 个，养殖废水资源化利用处理设施 1.43 万 t/a；③水产养殖：增加规模水产养殖低污染尾水组合生态净化技术 0.1 万亩/a；生活：提升城镇污水处理能力 0.4 万 t/d	梁溪河（蠡桥）	梁溪河（蠡桥）	水生植物群落重建及生物群落多样性恢复、生物群落纵控、鱼类群落纵控、生物操纵技术、人工湿地生态修复。生态调水引流技术。"库-河-湖"多闸坝水质水量调配技术。高氮、磷污染底泥环保疏浚技术。重金属及有毒有害有机污染底泥环保疏浚技术				蜻蜓目、长角涵螺、纹沼螺、河蚬、圆顶珠蚌、中国头蝌蚪、蜉蝣目、鳡	切实加强水生动物保护力度，维护物种栖息繁衍场所和生存条件
Ⅲ-14 无锡东部水环境维持—水质净化功能区（锡山、新吴）				锡北运河（庙桥）	九里河（钓郝大桥）	水生植物群落重建及生物群落多样性恢复、生物群落纵控、鱼类群落纵控、生物操纵技术。望虞河健康与生态系统恢复重建成套技术				河蚬、青虾、蜻蜓目、长物鲌	切实加强水生动物保护力度，维护物种栖息繁衍场所和生存条件

续表

分区名称	总量管控			水质水生态管控			空间管控			物种管控	
	需削减量(t/a)	限制因子	推荐性管控措施	水质不达标河道断面	水生态不达标河道断面	推荐性管控措施	需增加林地面积(km²)	需增加湿地面积(km²)	推荐性管控措施	保护物种	推荐性管控措施
Ⅲ-15 常熟北部水环境维持-水质净化功能区(常熟)	化学需氧量943.47;总氮77.31;总磷28.05;	轻度工业污染、轻度农田污染、轻度污染	工业:增加工业废水处理设施28.43万t/a,优化产业结构0.38个;农业:①农田面源:高标准农田建设29369.35亩;②畜禽养殖:优化养殖结构1.73个,养殖废水资源化利用1431.73个;生活:提升城市污水处理能力1.24万t/d	望虞河(江边闸)	望虞河(江边闸)	绿色廊道,水生植物群落重建复建,生物多样性调控,生态修复技术,河口湿地纵坡复,微曝气强化生态浮床污水处理技术,城市水系水质保障与河道水质修复技术				青虾,蜻蜓目小角口鱊,小鳈鮈	切实加强水生动物类保护力度,维护生境繁衍场所和生存条件
Ⅲ-16 常熟重要城镇维持-水文调节功能区(常熟)	总氮87.52;总磷63.85;	重度农田污染、轻度生活污染	工业:增加工业废水处理设施0.65万t/a,优化产业结构5个;农业:①农田面源:在距离河湖500 m以内的区域,禁止开发,实施农药化肥减量措施,在距离河湖500 m以外的区域,高标准农田建设41078.86亩;②畜禽养殖:优化养殖结构1个,养殖废水资源化利用处理设施5.72万t/a;③水产养殖:增加规模水产养殖尾水低污染水组合生态净化技术0.36万亩/a;生活:提升城镇污水处理能力2.1万t/d	昆承湖(昆承湖心)	昆承湖(昆承湖心)	截污工程,底泥清淤,生态护坡,生态浮岛,沉水植被构建		1.58	保护并修复退化湿地,因地制宜建设安全缓冲区生态隔离带	蜻蜓目,蜉蝣目,青虾,长角涵螺,纹沼螺,鳘鲦	切实加强水生动物类保护力度,维护生境繁衍场所和生存条件

续表

分区名称	总量管控			水质水生态管控			空间管控			物种管控	
	需削减量(t/a)	限制因子	推荐性管控措施	水质不达标河道断面	水生态不达标河道断面	推荐性管控措施	需增加林地面积(km²)	需增加湿地面积(km²)	推荐性管控措施	保护物种	推荐性管控措施
Ⅲ-17 淀山湖东岸重要生境维持-水文调节功能区（昆山、吴江）				大浦河(界标、大浦河桥)		岸线综合整治、截污工程、底泥清淤、生态护坡、生态浮岛、沉水植被构建。微曝气强化生态浮床污水大型水生植物适度调控藻类富营养化技术		4.34	保护并修复退化湿地、因地制宜建设生态安全缓冲区和生态隔离带	青虾、长角涵螺、纹沼螺、椭圆背角无齿蚌、圆顶珠蚌、头巾鳋	切实加强水生动物保护力度、维护物种生息繁衍场所和生存条件
Ⅲ-18 太湖东岸重要生境维持-水文调节功能区（吴中、吴江）	化学需氧量93.94；氨氮170.96；总氮430.39；总磷19.21	轻度农田污染、重度生活污染	工业：增加工业废水处理设施56.52万t/a，优化产业结构9个；农业：①农田面源：在距离河湖500 m以内的区域建立生态拦截系统、高标准农田建设42 513.6亩；②畜禽养殖：优化养殖结构1个，③水产养殖废水资源化利用处理设施2.63万t/a；③水产养殖：增加规模水产养殖低污染尾水组合生态净化技术4.01万亩/a；生活：提升城镇污水生态净化能力4.29万t/d		木光河(善人桥)	水生植物群落重建及生物多样性恢复、鱼类群落调控、生态操纵技术。微曝气强化生态浮床污水处理技术、生态护岸改造技术、河口湿地生态修复技术		1.61	保护并修复退化湿地、因地制宜建设生态安全缓冲区和生态隔离带	青虾、长角涵螺、纹沼螺、椭圆背角无齿蚌、圆顶珠蚌、黄尾鲷、华鳈	切实加强水生动物保护力度、维护物种生息繁衍场所和生存条件

续表

分区名称	总量管控			水质水生态管控			空间管控			物种管控	
	需削减量(t/a)	限制因子	推荐性管控措施	水质不达标河道断面	水生态不达标河道断面	推荐性管控措施	需增加林地面积(km²)	需增加湿地面积(km²)	推荐性管控措施	保护物种	推荐性管控措施
III-19苏州北部生物多样性维持-水文调节功能区(相城)				望虞河(锡常大桥)	望虞河(锡常大桥)	生态廊道、水生植被重建恢复。生物多样性调整技术。鱼类群落调整技术。物理吸附-光降解。过水性湖荡水生植被群落构建与稳定维持集成技术。微曝气强化生态浮床污水处理技术。河道旁路多级人工湿地净化技术		1.45	保护并修复退化湿地，因地制宜建设生态安全缓冲区和生态隔离带	蜻蜓目、蜉蝣目、青虾、长角涵纹沼螺、长吻鮠	切实加强水生动物护力度，维护物种栖息、繁衍场所和生存条件
III-20太湖湖区西部重要生境维持-水文调节功能区(武进、滨湖、宜兴、吴中)				太湖(大浦口、竺山(大浦口)、竺山湖心)	太湖(大浦口、竺山湖心)	湖滨缓冲带生态建设、水生植被重建恢复，鱼类群落调整技术。蓝藻打捞工程		1.04	保护并修复退化湿地，因地制宜建设生态安全缓冲区和生态隔离带	长角涵螺、纹沼螺、鲫	切实加强水生动物护力度，维护物种栖息、繁衍场所和生存条件

续表

分区名称	总量管控			水质水生态管控			空间管控			物种管控	
	需削减量（t/a）	限制因子	推荐性管控措施	水质不达标河道断面	水生态不达标河道断面	推荐性管控措施	需增加林地面积（km²）	需增加湿地面积（km²）	推荐性管控措施	保护物种	推荐性管控措施
IV-01镇江北部重要物种保护—水文调节功能区（丹徒、京口、润州、镇江新区）	化学需氧量4 342.8；氨氮602.15；总氮1 338.52；总磷86.21	重度农田污染、重度生活污染	工业：增加工业废水处理设施114.77万t/a,优化产业结构24个；农业：①农田面源：在距离河湖500 m以内的区域,禁止开发,建立生态拦截系统；在距离河湖500 m以外的区域实施农药化肥减量措施、高标准农田建设8 562.9亩；②畜禽养殖：优化养殖结构30个,养殖废水资源化利用处理设施6.77万t/a；③水产养殖：增加规模水产养殖低污染尾水组合生态净化技术5.66万亩/a；生活：提升城镇污水处理能力14.71万t/d		江南运河（辛丰镇）	水生植物群落重建及生物多样性恢复、鱼类群落操纵技术。生物操纵化多级技术。水体强化生物接触氧化。微曝气强化人工湿地组合处理技术、微生态浮化生态浮化技术处理技术	3.51		推行林长制,加大造林工程投入力度	河蚬、长角涵螺、纹沼螺、椭圆萝卜螺、波氏吻虎鱼	切实加强水生动物保护力度,维护物种生息繁衍场所和生存条件

续表

分区名称	总量管控			水质水生态管控			空间管控			物种管控	
	需削减量(t/a)	限制因子	推荐性管控措施	水质不达标河道断面	水生态不达标河道断面	推荐性管控措施	需增加林地面积(km²)	需增加湿地面积(km²)	推荐性管控措施	保护物种	推荐性管控措施
IV-02 常州市城市水环境维持—水文调节功能区(武进、天宁、新北、钟楼)	氨氮 334.06; 总氮 615.14	轻度污染	工业:增加工业废水处理设施0.8万t/a,优化产业结构139个; 农业:①农田面源:高标准农田建设25 069.84亩; ②畜禽养殖:优化养殖结构4个,养殖废水资源化利用处理设施5.24万t/a;③水产养殖:增加规模水产养殖低污染尾水组合生态净化技术2.03万亩; 生活:提升城镇污水处理能力4万t/d							青虾,长角涵螺,纹沼螺,鳍	切实加强水生动物保护力度,维护物种生息繁衍场所和生存条件

续表

分区名称	总量管控			水质水生态管控			空间管控			物种管控	
	需削减量(t/a)	限制因子	推荐性管控措施	水质不达标河道断面	水生态不达标河道断面	推荐性管控措施	需增加林地面积(km²)	需增加湿地面积(km²)	推荐性管控措施	保护物种	推荐性管控措施
IV-03 锡武城镇水环境维持水质净化功能区（惠山、江阴、武进、天宁）					锡澄运河（锡澄铁路桥）	水生植物群落重建及生物多样性恢复，鱼类群落调控，生物操纵技术。微生态强化技术。城区河道水质净化与生态修复集成技术。黑臭支浜原位污染物拦截和强化净化技术。磷污染底泥环保疏浚技术。重金属及有毒有机污染底泥环保疏浚技术				青虾、河蚬、鳙	切实加强水生动物保护力度，维护物种生息繁衍场所和生存条件

续表

分区名称	总量管控			水质水生态管控			空间管控			物种管控	
	需削减量(t/a)	限制因子	推荐性管控措施	水质不达标河道断面	水生态不达标河道断面	推荐性管控措施	需增加林地面积(km²)	需增加湿地面积(km²)	推荐性管控措施	保护物种	推荐性管控措施
IV-04 江阴城市重要生境维持-水文调节功能区(江阴)	总氮 95.85	轻度污染	工业:增加工业废水处理设施189.38万吨/年,优化产业结构1个；农业:①农田面源:高标准农田建设7 477.71亩；②畜禽养殖:优化养殖资源化利用1个,养殖废水资源化处理设施0.04万吨/年；③水产养殖:增加规模水产养殖低污染尾水组合生态净化技术0.25万亩/年；生活:提升城镇污水处理能力1.41万吨/天			水生植物群落重建及生物多样性恢复技术,鱼类群落调控,生物操纵技术,生态调水引流技术,"库-河-湖"多闸坝水质水量调配技术,微曝气强化生态浮床污水处理技术,城区河道水质净化与生态修复技术,黑臭底泥原位污染物拦截和强化净化技术,河道旁路多级人工湿地净化技术,高氮、磷污染底泥环保疏浚技术,重金属污染底泥环保疏浚技术,含有毒有害有机污染底泥环保疏浚技术				青虾,河蚬,铜鱼	切实加强水生动物保护力度,维护物种生息繁衍场所和生存条件

续表

分区名称	总量管控			水质水生态管控			空间管控			物种管控	
	需削减量(t/a)	限制因子	推荐性管控措施	水质不达标河道断面	水生态不达标河道断面	推荐性管控措施	需增加林地面积(km²)	需增加湿地面积(km²)	推荐性管控措施	保护物种	推荐性管控措施
IV-05 江阴南部重要生境维持-水质净化功能区（江阴）					白屈港（峭岐大桥）	截污工程，底泥清淤，生态护坡，生态浮岛，多级人工湿地，水生植物群落重建及生物多样性恢复，鱼类群落调控，生物操纵技术				青虾、河蚬、鲚	切实加强水生动物保护力度，维护物种栖息繁衍场所和生存条件
IV-06 无锡城市水环境维持-水文调节功能区（梁溪、惠山、新吴）	总氮 396.99	轻度污染	工业：增加工业废水处理设施2.94万t/a，优化产业结构0个；农业：①农田面源：高标准农田建设26 476.47亩；②畜禽养殖：优化养殖资源化利用处理设施149个，养殖废水资源化利用处理设施3.00万t/a；③水产养殖：增加规模水产养殖尾水净化技术0.82万亩/a，养殖低污染尾水组合生态净化技术0.82万亩/a；生活：提升城镇污水处理能力0.7万t/d	江南运河（望亭上游）	江南运河（望亭上游）	水生植物群落多样性建设及生物群落调控，生物操纵技术。生态调水引流技术。"零-河-湖"多闸坝水质水量调配技术。微曝气生态床污水处理技术。城区河道水质净化与生态修复集成技术。黑臭支浜原位污染物拦截和强化净化技术	0.04		推行林长制，加大造林工程投入力度	青虾、长吻鮠	切实加强水生动物保护力度，维护物种栖息繁衍场所和生存条件

续表

分区名称	总量管控			水质水生态管控			空间管控			物种管控	
	需削减量(t/a)	限制因子	推荐性管控措施	水质不达标河道断面	水生态不达标河道断面	推荐性管控措施	需增加林地面积(km²)	需增加湿地面积(km²)	推荐性管控措施	保护物种	推荐性管控措施
IV-07 江阴东部重要生境维持-水质净化功能区(江阴)						生境恢复。生物廊道恢复				河蚬、青虾、鳖、鲻	切实加强水生动物保护力度,维护物种栖息繁衍场所和生存条件
IV-08 张家港镇重要生境维持-水质净化功能区(张家港)	化学需氧量748.18;氨氮28.86;总氮367.84;总磷50.63	农田污染,轻度污染,轻度污染	工业:增加工业废水处理设施22.81万t/a,优化产业结构16个;农业:①农田面源:在距离河湖500 m以内的区域推农田立体生态拦截系统,高标准农田建设39 264.01亩;②畜禽养殖:优化养殖结构27个,养殖废水资源化利用处理设施6.42万t/a;③水产养殖:增加规模水产养殖低污染尾水组合生态净化技术0.05万亩/a;生活:提升城镇污水处理能力2.53万t/d		二干河(十一圩-竹港闸)	水生植物群落重建及生物多样性恢复,鱼类群落调控,生物操纵技术	0.02		推行林长制,加大造林工程投入力度	毛翅目、蜉蝣目、小口小鳔鮈	切实加强水生动物保护力度,维护物种栖息繁衍场所和生存条件

续表

分区名称	总量管控			水质水生态管控			空间管控			物种管控		
	需削减量(t/a)	限制因子	推荐性管控措施	水质不达标河道断面	水生态不达标河道断面	推荐性管控措施	需增加林地面积(km²)	需增加湿地面积(km²)	推荐性管控措施	保护物种	推荐性管控措施
Ⅳ-09张家港东部水环境维持-水质净化功能区(张家港)	化学需氧量550.35；氨氮10.05；总氮176.13；总磷18.81	轻度农田污染、轻度污染	**工业**：增加工业废水处理设施46.33万t/a。优化产业结构0个；**农业**：①农田面源：在距离河湖500 m以内的区域建立生态拦截系统。高标准农田建设45 055.23亩；②畜禽养殖：优化养殖结构24个，养殖废水资源化利用处理设施6.30万t/a；③水产养殖：增加规模水产养殖低污染尾水组合生态净化技术3.66万亩/a；**生活**：提升城镇污水处理能力0.56万t/d		张家港(大义光明村)	水生植物群落重建及生物多样性恢复。鱼类群落调控。生物操纵技术。生态护岸改造技术。河道劳路多级人工湿地净化技术。河口湿地生态修复技术。底泥疏浚				青虾，长角涵螺，纹沼螺，小口小鳔鉤	切实加强水生动物保护力度。维护物种生息繁衍场所和生存条件

续表

分区名称	总量管控			水质水生态管控			空间管控			物种管控	
	需削减量(t/a)	限制因子	推荐性管控措施	水质不达标河道断面	水生态不达标河道断面	推荐性管控措施	需增加林地面积(km²)	需增加湿地面积(km²)	推荐性管控措施	保护物种	推荐性管控措施
IV-10 常熟东部水环境水质维持-水质净化功能区(常熟)			工业:增加工业废水处理设施152.79万t/a;优化产业结构2个;农业:①农田面源:高标准农田建设24 098.71亩;②畜禽养殖:优化养殖资源利用5个,养殖废水产业化处理设施3.69万t/a;③水产养殖:增加规模水产养殖低污染尾水组合生态养殖技术0.04万亩/a;生活:提升城镇污水处理能力0.82万t/d		白茆塘(江枫桥)	水生植物群落多样性恢复及生物多样性恢复,鱼类群落调控;生物操纵技术		2.14	建立湿地公园,湿地保护区,水产种质资源保护区,因地制宜建设生态安全缓冲区和生态隔离带	青虾、河蚬、青虾、丽蚌蟹、鳜	切实加强水生动物保护力度,维护物种生息繁衍场所和生存条件
IV-11 大仓北部重要生境维持-水质净化功能区(大仓)	总氮 20.58			杨林塘(仪桥)、浏河(浏河闸)	浏河(浏河闸)	水生植物群落多样性恢复及生物多样性恢复,鱼类群落纵控;城区河道水生态修复技术。城区水质净化与生态集成技术,生态护岸改造技术。使用河口湿地生态修复技术。底泥疏浚技术				青虾、蝤蛑目、纹沼螺、小口鲔、鳍	切实加强水生动物保护力度,维护水生生息繁衍场所和生存条件

续表

分区名称	总量管控			水质水生态管控			空间管控			物种管控	
	需削减量(t/a)	限制因子	推荐性管控措施	水质不达标河道断面	水生态不达标河道断面	推荐性管控措施	需增加林地面积(km²)	需增加湿地面积(km²)	推荐性管控措施	保护物种	推荐性管控措施
IV-12昆太城镇重要生境维持-水文调节功能区(太仓)	总磷19.22	轻度畜禽养殖	工业:增加工业废水处理设施1.71万t/a,优化产业结构83个;农业:①农田面源:高标准农田建设26 550.04亩;②畜禽养殖:优化养殖结构9个,养殖废水资源化利用处理设施0.11万t/a;③水产养殖:增加规模水产养殖低污染尾水组合生态净化技术1.42万亩;生活:提升城镇污水处理能力0.66万t/d	杨林塘(青阳北路桥)	吴淞江(赵屯)	水生植物群落多样性恢复及生物群落重构,鱼类群落调控,生物操纵技术。微曝气强化生态床污水处理技术,生态护岸改造技术。黑臭物支浜原位污染截拦和强化净化技术		2.20	建立湿地公园,湿地保护区,水产种质资源保护区。因地制宜建设生态安全缓冲区和生态隔离带	青虾,长角涵螺,纹沼螺,须鳗虾虎鱼	切实加强水生动物保护力度,维护物种栖息繁衍场所和生存条件
IV-13吴江南部重要生境维持-水文调节功能区(吴江)				江南运河(王江泾)		截污工程,底泥清淤,生态护坡,生态浮岛,多级人工湿地,水生植物群落重建及生物多样性恢复,鱼类群落调控,生物操纵技术				蜻蜓目,长角涵螺,纹沼螺,黄尾鲴	切实加强水生动物保护力度,维护物种栖息繁衍场所和生存条件

续表

分区名称	总量管控			水质水生态管控			空间管控			物种管控	
	需削减量(t/a)	限制因子	推荐性管控措施	水质不达标河道断面	水生态不达标河道断面	推荐性管控措施	需增加林地面积(km²)	需增加湿地面积(km²)	推荐性管控措施	保护物种	推荐性管控措施
IV-14苏州城市重要生境维持-水文调节功能区(姑苏、高新、苏州工业园区、吴中)	总氮1033.67;总磷166.69	重度污染、轻度水质、轻度物种保护	工业:增加工业废水处理设施560.89万t/a,优化产业结构37个;农业:①农田面源:高标准农田建设56976.71亩;②畜禽养殖:优化养殖结构5个,养殖废水资源化利用处理设施0.47万t/a;③水产养殖:增加规模水产养殖低污染尾水组合生态净化技术0.8万亩/a;生活:提升城镇污水处理能力14.89万t/d	阳澄湖(阳澄东湖南)		截污工程、底泥清淤、生态护坡、生态浮岛、多级人工湿地、水生植物群落重建及生物多样性恢复				青虾、长角涵螺、纹沼螺、黄尾鲴、革条鱊	切实加强水生动物保护力度、维护物种生息繁衍场所和生存条件